东北天然次生林多目标经营与经济效应研究

何友均　覃　林　梁星云　苏立娟

邹　慧　范垚城　陈科屹　著

本书系国家自然科学基金面上项目 31170593 和
31570633 的部分成果

科学出版社

北　京

内 容 简 介

本书以黑龙江省哈尔滨市丹清河实验林场的天然次生林为研究对象，研究了粗放森林经营模式、目标树森林经营模式、调整育林法森林经营模式和无干扰森林经营模式对东北天然次生林的综合影响及经济学效应。主要内容包括：不同森林经营模式对天然次生林群落结构、生物多样性、林木竞争和天然更新的影响机制；不同森林经营模式对天然次生林森林生态系统碳储量的影响；不同森林经营模式下土壤理化性质、酶活性、微生物数量、微生物生物量及微生物碳源利用和功能多样性的差异，以及土壤化学性质对土壤酶活性及微生物指标的影响；不同森林经营模式对木材生产、固碳功能及其经济价值的影响，以及森林经济价值对不同因子的敏感度。

本书可供林草建设、生态保护、资源经济、环境管理等领域的管理、科研和教学人员阅读，也可为相关专业大中院校学生、技术人员和企业、林农等利益相关者提供参考。

图书在版编目（CIP）数据

东北天然次生林多目标经营与经济效应研究 / 何友均等著.
—北京：科学出版社，2019.3
　ISBN 978-7-03-059875-2

　Ⅰ.①东…　Ⅱ.①何…　Ⅲ.①天然林—次生林—森林经营—研究—东北地区　Ⅳ.① S718.54 ② S75

中国版本图书馆CIP数据核字（2018）第265565号

责任编辑：李　敏　杨逢渤 /责任校对：樊雅琼
责任印制：吴兆东 /封面设计：无极书装

科 学 出 版 社 出版
北京东黄城根北街16号
邮政编码：100717
http://www.sciencep.com

北京建宏印刷有限公司 印刷
科学出版社发行　各地新华书店经销

*

2019年3月第 一 版　开本：787×1092　1/16
2019年3月第一次印刷　印张：10
字数：240 000
定价：148.00元
（如有印装质量问题，我社负责调换）

前　言

　　森林经营直接关乎我国经济社会持续健康发展的两个安全问题,即生态安全和木材安全。在生态安全方面,我国已经将生态文明建设纳入中国特色社会主义事业"五位一体"的总体布局当中。林业是生态文明建设的主阵地,扮演着至关重要的角色。森林经营正是实现上述过程的重要环节,也是当前的薄弱环节。《"十三五"森林质量精准提升工程规划》的出台,为森林经营工作明确了新的方向,也提出了更高的要求。森林质量精准提升就是要通过合理的森林经营措施,针对目前我国森林资源的突出问题,重点加强森林抚育和退化林修复等工作,并在森林经营过程当中注重经营的差异化和精细化,有针对性地改善森林结构,提升森林质量和提高森林生态服务功能。在木材安全方面,当前我国木材供需矛盾已经十分突出。《全国木材战略储备生产基地建设规划(2013—2020年)》已明确提出,要通过采取科学的森林经营措施,着力培育珍稀大径级用材林,构建结构优化的木材后备资源体系。因此,无论是我国森林资源的质量现状,还是林业发展的政策环境,都对森林经营工作提出了全新的期待和更高的要求。

　　由于历史上对东北林区森林资源的大肆掠夺和过度消耗,东北地区面积约 37×10^4 km^2 的森林资源大部分已退化为天然次生林。面对严重退化的森林资源与不断增长的人类需求之间的突出矛盾,如何对东北天然次生林进行科学经营和管理,使森林生态系统高效地发挥其社会、经济和生态等多种效益和功能,成为林业及相关从业者亟待解决的科学问题。

　　从 2012 年开始,笔者选取黑龙江省哈尔滨市丹清河实验林场的天然次生林为研究对象,研究了粗放森林经营模式(FM1)、目标树森林经营模式(FM2)、调整育林法森林经营模式(FM3)和无干扰森林经营模式(FM4)对东北天然次生林的综合影响和经济效应。主要内容包括:不同森林经营模式对天然次生林群落结构、生物多样性、林木竞争和天然更新的影响机制;不同森林经营模式对天然次生林森林生态系统碳储量的影响;不同森林经营模式下土壤理化性质、酶活性、微生物数量、微生物生物量及微生物碳源利用和功能多样性的差异,以及土壤化学性质对土壤酶活性及微生物指标的影响;不同森林经营模式对木材生产、固碳功能及其经济价值的影响,以及森林经济价值对不同因子的敏感度。通过以上研究,以期为我国东北天然次生林的恢复与保护,以及我国多功能森林经营和林业可持续发展提供科学依据和决策参考。

　　本书系国家自然科学基金面上项目(31170593、31570633)的部分成果。在野外调查、分析测定、数据分析、软件模拟和研究协调过程中，得到了相关单位和人员的大力支持，在此一并致谢。他们分别是中国林业科学研究院林业科技信息研究所原所长陈绍志研究员、王登举所长、叶兵副所长；黑龙江哈尔滨市林业局原副局长邬可义；黑龙江哈尔滨丹清河实验林场霍彦伟场长、李密场长、周锦北副场长、吕长军副场长、陈进生副场长和张崇文高工；广西大学谭玲女士。

由于时间和著者水平有限，本书若有不当之处，敬请广大读者批评指正。

著 者

2018 年 12 月

目　　录

iii

第1章　森林可持续经营概述

1.1　森林经营研究概况

广义的森林经营包括森林的培育、保护与利用。而人们通常所说的，是狭义的森林经营概念，指森林整个培育过程所涉及的各项经营措施和管理工作，以及造林、抚育、林分改造、采伐、更新等各项营林生产活动及相关组织管理（吴秀丽等，2013）。不同的经营模式，其经营理念、目的或措施均有所区别。本书主要基于狭义的森林经营概念。

研究不同森林经营模式对林业发展具有重要的意义。当代世界主流的森林经营模式主要有3种，即森林的经济、社会和生态三大效益一体化经营模式，森林多效益主导利用经营模式，森林多效益综合经营模式（关百钧，1991）。相比之下，郑小贤（1999）、亢新刚（2001）认为国外典型的森林经营模式有3种，即近自然森林经营模式，以德国为代表；森林生态系统经营模式，以美国为代表；林业分类经营模式，以澳大利亚、法国为代表。不难看出，多效益经营是世界森林经营发展的主流和趋势，当前林业发达的国家大多数在探索森林多效益经营（吴涛，2012）。

1.1.1　森林经营理论研究进展

1.1.1.1　森林可持续经营

1992年，联合国环境与发展大会在巴西里约热内卢召开，大会对森林在经济发展和生命维持中的重要性给予明确认识，通过了有关保护森林的非法律性文件《关于森林问题的原则声明》。大会还在《21世纪议程》中专辟一章（第11章）对森林的可持续发展进行描述，由此诞生了以社会、经济和环境可持续发展为目标的森林可持续经营理念。虽然目前森林可持续经营尚未有统一的定义，但它却是国际森林政策，尤其是联合国森林论坛及其针对森林和相关目标的非法律性文本的基础，森林可持续经营的研究范围也随着越来越广泛的森林问题而变化。人们逐渐意识到，对不同尺度的森林可持续经营——从全球到国家再到区域，尤其是森林经营单位进行监测、评估和报告的重要性。

世界各国有不同的方法和途径来实现森林可持续经营。德国的近自然森林经营，核心思想是尽可能使林分建立、抚育、采伐的方式同"潜在的自然植被"的关系接近。法国和瑞士的"检查法"森林经营核心思想是采伐量不能超过生长量。美国的"生态系统经营"，以森林生态系统的可持续性为主要目标，包括生态系统的完整性、生物多样性（biodiversity）、生物过程、物种、生态系统的进化潜力及维持土地的生态可持续性，同时还包括森林对社会良性运行的意义。加拿大"模式林计划"，核心思想是促进可持续林业管理系统和工具的开发与应用；推广通过示范林计划取得的成果；加强示范林网络活动；增加地方参与可持续林业管理的机会。中国的"天然林采伐更新体系"，依照森林生态理论指导森林采伐作业，使采伐和更新达到既利用森林又促进森林生态系统健康与稳定的目的。结构化森林经营以培育健康稳定的森林为目标，以系统结构决定系统功能为基础，以未经干扰或经过轻微干扰已得到恢复的天然林为模式，以优化林分空间结构为手段，充分利用森林生态系统内部的自然生长规律来开展活动。

1.1.1.2　近自然经营

1898 年德国的 Karl Gayer 提出了近自然林业理论，对传统的木材培育论进行深刻反思，充分认识到人类对森林的过度干预，在收获大量木材的同时对森林造成了严重的破坏，倡导森林经营应"回归自然、遵从自然法则，充分利用自然的综合生产力"。20世纪 90 年代，近自然林业理论在欧洲地区逐渐兴起，现已成为世界林业经营理论的重要组成部分。

在近自然林业的思想与理论的指导下，为了更科学的森林经营，从森林类型上立足于将现有的针叶纯林改变为混交林，将同龄林改为异龄林。近自然森林经营的林分作业体系是以单株林木为对象进行的目标树抚育管理体系，把所有林木分类为目标树、干扰树、生态保护树和其他树木等类型，采用单株木择伐作业，仅清理影响目标树生长的干扰树，在没有目标树的地块通过开林窗来促进天然更新（Wang and Liu，2011），恢复天然植被，使每株树都有自己的功能和独特利用价值，分别承担起生态、社会和经济效益。更新树种一般为本地树种，但是在某些情况下也可以采用非本地树种（Gamborg and Larsen，2003）。合理引进非本地树种可以增加林分的盈利能力，作为本地树种的一种补充可以增强森林对气候变化的适应性，这也是适应性经营的一种策略。因此，近自然林业可以认为是改变过去人工林同龄、单一树种和皆伐的经营方式，转而利用和控制森林自然发生的过程，从而在实现森林木材生产功能的同时，保护生物多样性和生态系统稳定，进而实现森林发挥休闲等社会功能的多重目标，最终实现森林可持续经营。

对近自然林业的理论分析和研究已有不少，但仍处于起步阶段，实践经验和实验数据十分有限。在不断变化的社会需求和环境条件下，近自然林业能否实现提高森林的木材产量、维持森林的健康活力、维持森林生态系统的稳定性和生物多样性等多重目标，发挥生态、经济和社会多种功能？不少研究表明，近自然林业至少能实现其中一到多个目标，可见森林的不同功能之间存在对抗，达到多功能的目标是不容易的（Schütz，2011），因此，近自然林业仍需在实践中不断发展和完善。

1.1.1.3　结构化森林经营

随着社会的进步和科学技术的发展，人们对自然和谐的生态环境和天然环保的生活用品的需求越来越大，并且认识到了森林经营不仅以获得木材为目的，森林本身的健康和稳定重要性逐渐凸显出来。基于对森林的空间结构的分析，设计、优化合适的经营方案成为国际上目前在森林经营研究方面的一个重要方向。在森林可持续经营原则的指导下，惠刚盈等（2007）依据系统结构决定系统功能的原理，提出了基于林分空间结构优化的森林经营方法——结构化森林经营。结构化森林经营以创造最佳的森林空间结构为手段，强调森林的生态效益，以森林多功能的发挥和多效益的利用为追求，培育健康稳定的森林，而健康的生态系统通常都具有较高的结构多样性、生物多样性和空间异质性。

结构化森林经营模式具有完整的理论技术体系，以原始林为楷模，遵循连续覆盖和生态有益性原则，同时注重顶级群落树种及主要伴生树种的中、大径木的空间结构的调节。结构化森林经营认为，只有正确表达和解析森林空间结构，通过创立和维护最佳的森林空间结构，才能使森林健康而稳定地发展（于洪光等，2014）。在应用结构化森林经营的技术进行森林经营管理时，针对每一种林分分别从空间结构指标和非空间结构指标两方面来分析经营的迫切性。空间结构指标包括林木的分布格局、树种的多样性、顶级群落树种的优势度等，非空间结构指标包括树种组成、林木覆盖度、直径分布等（惠刚盈等，2009）。在具体实施过程中首先伐除不健康的个体，然后根据顶级群落树种或主要伴生树种中的中、大径木的空间结构参数来进行空间结构的调整，使得目标树种即经营对象处于优势地位，不会在竞争中受到威胁，森林格局呈现出随机分布的模式，林分生物多样性得到提高，最终使得森林中的林木个体和其周围的环境均获得健康。

Daume 等（1998）运用结构参数混交度模拟了疏伐优先指数；Albert（1999）将空间结构参数作为基础，研发了疏伐分析软件。我国以往在森林空间结构方面的研究均具有单一性，如在对树种关系方面的研究较多地集中在树种联结的关系及其显著性（罗传文，2005；何友均等，2006）或者探讨人工林混交比例、混交方式等。角尺度、混交度、大小比数等概念被引入作为森林空间结构的描述分析方法迅速运用起来，汤孟平等（2004）运用这些参数对择伐后的林分空间结构优化模型进行了研究；郝云庆等（2005）运用这些参数来预测经过纯林改造后的林分空间结构；吕林昭等（2008）应用空间结构参数研究了长白山落叶松人工林的空间格局变化；龚直文等（2010）则运用这些参数分析了长白山云冷杉针阔混交林在演替过程中的空间格局变化。结构化森林经营很大程度上采纳、量化、发展了近自然经营的原则，以培育健康森林为目标，既注重林木个体的活力，也强调森林群体的健康，凭借可释性强的结构单元，俨然成为一种独特的更具可行性的森林可持续经营方法。

1.1.1.4　生态系统经营

生态系统经营由美国林学界于 20 世纪 90 年代提出，是基于生态学原理的一种森林经营模式，其核心是生态系统的长期维持与保护，本质特征是自然和人工森林生态系统的生态平衡，是森林可持续经营的一条生态途径，也是森林可持续经营技术保障体系的核心（任海等，2000）。1992 年美国林务局宣布采用生态系统经营作为美国国有林森林经营的基本方针。生态系统经营作为森林经营理论和实践的重大转变，对森林经营技术、政策法规支撑和全社会的参与、支持提出了更高的要求（杨馥宁等，2009）。

以生态系统经营为模式的森林经营从林分水平提高到景观水平，在景观水平基础上长期保持森林健康和生产力，这也是生态系统经营有别于永续收获经营的一个重要特征。不同类型的森林生态系统是森林生态系统经营中的基本功能单位，在生产实践中，不同的经

3

营目标必须通过每一个具体的功能单位来实现，每项经营措施必须落实到具体的地块上。从生态和生产两方面考虑，一个具体的森林生态系统边界的确定以气候、地形、土壤及植被的综合作为基础。因此，在实际操作中每一个具体的功能单位的边界可采用将小班区划与林型划分相结合的方法来确定（欧阳勋志，2002）。林分作业体系采用"生态采伐"，集中伐区采用低强度择伐作业，尽量避免大面积皆伐，采用生态系统经营后的采伐迹地与皆伐施业完全不同，地下植被变多，除保留木外，还保留了倒伏木和枯立木（杨馥宁等，2009），维持了森林生态系统的生产力，保护了森林的生物多样性，实现了森林的可持续发展。

森林生态系统经营是传统永续经营模式的继承和发展，从理论到实践都有很多问题亟待解决。目前国内外在这方面的研究大多处于初级阶段，缺乏成熟的理论和技术体系，由于知识的不完备及生态系统组成、结构、反馈机制等的复杂性，在生态系统经营模式指导下的大规模经营实例也很缺乏。尽管美国有很坚实的研究基础，林业比较发达的意大利、瑞典、巴西、芬兰和印度尼西亚等国也正积极地进行森林生态系统管理的实践，但森林生态系统经营理论仍需要在实践中对其综合效果进行深入的探讨，来检验其先进性和可行性。

1.1.2 森林经营对森林的影响

1.1.2.1 森林经营对植物群落结构与生物多样性的影响

自然界中的生物往往是成群生长或生活在一起的，经过一定时间的发展，通过生物之间的相互作用及其与环境之间的相互作用，这些一起生长或生活的生物会形成一种具有一定外貌、一定物种组成和一定结构的生物集合体，生态学家称为群落（李振基和陈圣宾，2011）。

生物多样性的概念像其他科学概念一样，至今没有一个严格、统一的定义。目前，对生物多样性的含义有许多解释，但所表述的内容基本一致。美国国会技术评价办公室（Office of Technology Assessment，OTA）在 1987 年将生物多样性定义为：生物之间的多样化和变异性及物种生境的生态复杂性。1992 年，联合国《生物多样性公约》对生物多样性的定义是：生物多样性是指所有来源的形形色色的生物体，这来源包括陆地、海洋和其他水生生态系统及其所构成的生态综合体；这包括物种内部、物种之间和生态系统的多样性。1995 年，联合国环境规划署（United Nations Environment Programme，UNEP）发表的关于全球生物多样性的巨著《全球生物多样性评估》给出了一个较简单的定义：生物多样性是所有生物种类、种内遗传变异和它们与生存环境所构成的生态系统的总称。现在生态学家已证明，物种多样性越高的森林，其多重生态服务功能水平越高（Gamfeldt et al.，2013）。

植物群落的组成、结构和功能是其最主要的生态属性（Timilsina et al.，2007；Shaheen et al.，2012）。因此，森林群落物种组成和结构复杂性成为衡量可持续森林经营的重要指标（Lindenmayer et al.，2000；Burrascano et al.，2011）。不同的森林经营模式对森林群落的组成、结构和功能有着非常大的影响（Vidal，2008；Timilsina and Heinen，

2008；Souza et al.，2012），研究森林经营对群落结构和功能及生物多样性的影响具有重要意义（Korzukhin et al.，1996；Pélissiera et al.，1998）。

在我国的森林经营历史上，一开始由于只注重经济效益，对森林生态系统的生态效益不够了解和重视等，因而出现了滥砍滥伐、不注重恢复等的森林经营方式，导致天然林严重退化、次生林和人工林质量低下，其生态稳定性和生态功能较差（唐守正，1998）。随后，面对森林资源的匮乏和不断增长的人口需求，为了协调森林生态和经济效益的冲突及矛盾，我国于 20 世纪末提出林业分类经营理论，将森林划分为生态公益林和商品经济林进行经营和管理（雍文涛，1992；陈国明，1996；洪菊生和侯元兆，1999）。尽管人工林得以迅速发展，然而大面积的人工林、连栽等经营方式会造成生物多样性降低、生产力下降、地力衰退及病虫害严重等生态问题（刘丽等，2009；田大伦等，2011；夏志超等，2012）。

为了改善林分结构，提高林地的生物多样性，解决传统经营方式带来的各种生态问题，一些学者借鉴国外的林业经验，其中以德国的近自然林业为代表（邵青还，1991）。近自然林业应用于森林经营已有 100 余年的历史，并且取得了良好效果，改善了植被结构和土壤肥力（Bradshaw et al.，1994，Schütz，1999；Meyer，2005；张俊艳等，2010）。虽然在国外有着不少的成功案例，但这种经营方式在国内的实践极少，且由于林业周期长，近自然经营对植物群落结构和生物多样性的影响还较少报道，尚未形成定论。例如，张象君等（2011）研究发现，小兴安岭落叶松人工纯林近自然化改造有利于林下草本植物的发育和草本植物多样性的提高，但对林下木本植物的影响还有待深入研究。而张俊艳等（2010）研究发现，近自然改造后，云南松人工林灌木层更新种类增多，多样性增加，但草本层物种多样性变化不大。宁金魁等（2009）对经过近自然森林经营的油松人工林的植物群落进行了研究，发现相对于未改造林分，其群落结构得到了改善。

不同的森林经营模式对森林植物群落的结构和生物多样性有着不同的影响，对质量低下的东北天然次生林，采取什么样的经营模式能获得更好的群落结构和更高的生物多样性，目前这方面的研究还未见报道。

1.1.2.2　森林经营对森林生态系统碳储量的影响

采取合理的森林经营管理策略，能有效地增强森林生态系统的固碳能力和改善土壤结构与功能（Dixon et al.，1994；Johnson and Curtis，2001；Jandl et al.，2007；Bellassen and Luyssaert，2014）。不同的森林管理措施都可能会增加林分中的生物量和碳累积（Reichstein et al.，2010），其中包括防火、病虫害防治、轮伐期（采伐）延长、树木密度控制、营养状况改善、物种和基因型选择、生物技术使用、采伐后残留物管理方式改变等。就森林生态系统碳储量的影响因素而言，不确定性最大的当属自然因素（尤其是温度和降水）（王棣等，2014）。虽然自然因素是不可抗因素，但我们可以通过多方位、多角度的森林经营措施来改变森林生态系统碳储量。已有研究表明，改变物种组成、轮伐期长度和疏伐体系及保护森林、增加森林面积和保护土壤等经营管理措施都可增加森林中的碳汇量（Sohngen et al.，2005；Fuhrer et al.，2006）。针叶树单位生物量中碳的比例高于阔叶树

（Ibáñez et al.，2002），林分最佳物种组成选择取决于多种因素（如管理目标、立地特征等），但 CO_2 存储应视为其中的一个目标，可通过更新树种选择、疏伐或其他林分抚育管理方式来改变林地的树种组成。轮伐对森林碳储存的影响并不明确，如果选择的轮伐期比生物学轮伐期长，则最后阶段采伐木材中碳储量比中间阶段采伐的大（Bravo et al.，2008），相对于林分总碳储量来说，轮伐期越长，最后一次采伐时林分碳储量比例越高。综上所述，用于增加碳储量的森林经营管理策略可归纳为如下几个方面：通过减少毁林和森林退化、人工造林及林地的自然扩张来维持或增加森林面积（Liski et al.，2002；Lindner and Karjalainen，2007）；通过适宜的营林技术（如优化物种组成、部分采伐、疏伐）来维持或增加林分水平的碳密度；通过森林保护、轮伐期延长、火灾管理和病虫害防治来维持或增加景观水平的碳密度（Nabuurs et al.，2003）。

Bravo 和 Díaz-Baleiro（2004）指出，与传统的短期轮伐期经营管理体系相比，延长轮伐期会导致采伐率降低，在这种情况下，一部分的碳库会增加（如立木中的碳），而其他部分的碳库则会减少（如林木产品中的碳）（Kurz et al.，1998）。因此，碳库的动态应从更大的时间和空间尺度上来分析。疏伐是营林中主要的人为干预措施，Río 等（2008）对海岸松林不同疏伐情景进行研究发现，任何疏伐体系的固碳量均比未疏伐的情况要多，但不同疏伐体系间存在一定的差异。Balboa-Murias 等（2008）与 Pohjola 和 Valsta（2006）研究发现，低强度的经营管理可以促进林分的碳固定。苏少川等（2012）对 9 种经营模式下的天然林碳储量进行比较分析，证明采育结合的经营方式更有利于提高天然林树干、树枝和根系的碳储量，但各种经营方式下的树叶碳储量差距不大。东北地区是中国森林的主要分布区（Fang et al.，1996；Fang et al.，2001；Li，2004）。利用不同气候情景下的气象数据，结合中国森林生态系统碳收支模型 FORCCHN，计算模拟的结果表明，1981 ～ 2002 年东北森林生态系统平均每年吸收 0.15 Pg C，对我国的碳收支起着举足轻重的作用（赵俊芳等，2008）。由于历史上不合理地利用森林资源，东北地区的森林已大部分退化为天然次生林，如能寻找到合适的森林经营策略，将会改善土壤理化性质，提高森林生产力，更大程度上发挥其应有的固碳潜力，从而加速推动天然次生林恢复进程。

1.1.2.3　森林经营对木材产量的影响

因木材价格受木材价值、市场供求、采伐政策、森林资源费（王守安等，1986；曹芳华和徐江文，1997；胡国登，2007；陈文汇等，2010）等多个因素的影响，不同地区，尤其是不同树种、不同径级的木材价格也不尽相同。张德成等（2013）对中国林业科学研究院热带林业实验中心的木材价格进行调研，分析不同林龄的森林木材价格差异，建立起马尾松林的原木价格模型，为森林采伐决策提供依据；陈文汇等（2010）构建了一个木材供需动态模型，该模型考虑了政策、市场等因素的影响和变动；Brown 等（2012）研究了木材销售地区、政策和行政特点对国家立木价格的影响，并为提高木材价格提出了可行的政策建议。

在木材产量影响因素分析方面，国内主要借助环境库兹涅茨曲线模型（许姝明，2011）和柯布—道格拉斯函数（陈章纯等，2012），在社会主义市场经济的背景下，中国木材产量深受政策变动、投资和土地的影响，同时木材产量增长可以对从业人员（覃凡丁和奉钦亮，2011）等产生显著的影响。国内木材产量预测研究的主要方法有二次指数平滑法（邢守春和王士一，1987；朱洪革和王玉芳，2008）、一元回归法（蒋敏元和王永清，1988，除此之外还涉及 Lieth-Box（洪伟和吴承祯，1999）、立地指数曲线（朱磊和王庆成，2006；朱磊等，2007）等模型方法，技术上主要是样地调查、历史数据调查和遥感，内容涉及整个国家、区域、省市、林场、林分层次及单个树种的研究，现存研究不足之处是：研究尺度多集中在国家层面，省域、经营单位，甚至林分水平的研究缺乏；由于数据统计上的限制，依赖统计数据的方法结果可能与实际出入较大。

在国外关于木材产量的研究较早，包括木材产量的生理学特性（Cannell，1989）、基因学（Zobel and Jett，1995）及各树种的产量研究（Hillis and Brown，1984；Ledin，1996）等，还研究了干旱（Brando et al.，2008）、气温、人口压力（Patel et al.，1995）、森林病虫害和火灾（Maclean，1990）、气候变化（Garcia-Gonzalo et al.，2007）等各种自然社会因素对木材产量的影响，一般以整个地区为研究对象：Vilà 等（2007）以地中海地区森林为研究对象，发现该地区树种丰富度和木材产量具有很好的协调性，落叶松林比针叶松林和灌木丛林产量更高，木材产量随着树种丰富度的增加而增加；Kellomäki 和 Kolström（1993）的研究表明，在芬兰南部气候变化条件下，气温上升可以提高欧洲赤松产量，尤其是当温度缓慢上升时，低强度的疏伐水平能最大限度地提高赤松产量；Lilles 和 Coates（2013）分析了影响哥伦比亚单一纯林与混交林产量的主要因素。国外学者对木材产量的预测中，应用的方法和模型多种多样，较早的研究多用非线性模型（Murphy，1983），Hall 和 Clutter（2004）研究了木材增长预测的多元非线性混合影响模型，并以佐治亚大学的湿地松生长数据为基础进行了案例分析。Brienen 和 Zuidema（2007）、Rozendaal 等（2010）都对亚马孙地区热带木材产量进行预测，表明不同树种的增长差异显著，通过不同树种不同估算方法得出的产量预测比使用平均增长率计算的结果高出 36% ~ 50%，表明产量预测方法的重要性。用树木年轮法预测树种产量也多有研究，Brienen 和 Zuidema（2006）用树木年轮法预测玻利维亚地区 4 个树种的木材产量。因此，对木材产量预测必须选择合理的模型。

1.2　森林群落结构和功能研究概况

1.2.1　林木竞争研究进展

在植物群落内，相邻的植物个体为了获得适合于自身生长的最佳生态位，必然要争夺环境资源（如光、水、矿质元素等），这就导致了植物个体之间必然产生的竞争，包括种内竞争和种间竞争、地上竞争和地下竞争（Clements and Weaver，1929；Tilman，1982；金则新，1997；王平等，2007）。竞争作用是生物相互作用的一个基本形式，竞争是影响植物个体生长、形态结构和存活状况的主要因素之一，同时也影响植物种群的空间分布格局、动态变化及整个群落的物种多样性（Kawata，1997；Yokozawa et al.，1998；Weiner，1990）。因此，植物的种内种间竞争研究一直是生态学研究的一个核心问题。研究林木竞争的状况，有助于对群落的结构和林木关系的理解，对森林经营方案的制订和实施具有重要的指导作用。

林木竞争关系的研究由来已久，1884 年 Kraft 提出用林木分级法，通过形态定性来描述竞争关系，1951 年 Staebler 首次提出林木竞争指数，用数学方法来定量表示竞争的关系，此后很多学者为了更准确地预测林木的生长，相继提出了许多描述林木间竞争强度的数量指标（马履一和王希群，2006；孙澜等，2008），Weigelt 和 Jolliffe（2003）指出，目前应用到植物竞争研究的指数达 50 多个。

竞争指数按距离空间的关系可分为两类，即与距离有关的竞争指数和与距离无关的竞争指数（Avery and Burkhart，1983；Biging and Dobbertin，1992；Biging and Dobbertin，1995）。与距离有关的竞争指数包括：①距离加权的林木大小比值；②树冠或竞争影响圈的树冠重叠指数；③林木实际占有的生长空间指数（Ledermann and Stage，2001）。其中，以 Hegyi 提出的与距离有关的竞争指数的接受度和应用最为广泛（Daniels，1976；关玉秀和张守攻，1992；Zhang et al.，2009；汪金松等，2012a）。与距离无关的竞争指数也有应用，如沈琛琛等（2011）用相对胸径、株数、断面积等 6 个与距离无关的竞争指数研究了落叶松 - 云冷杉间伐实验样地的竞争动态，但这类指数不考虑林木之间的空间关系，一般较少采用。

基于 Hegyi 竞争指数，众多学者对植物群落的林木竞争关系展开了大量的研究。研究发现，不同立地和树种的竞争状况是不同的。在特定群落内，一些物种的种内竞争强于种间竞争，如孙澜等（2008）发现马尾松 - 川灰木人工混交林内，马尾松的种内竞争＞马尾松与川灰木的种间竞争，另外还有四川大头茶（金则新，1997）、元宝山冷杉（李先琨等，2002）等种内竞争均强于种间竞争；另一些物种的种内竞争弱于种间竞争，如黄果厚壳桂的种内竞争弱于其与伴生树种云南银柴的种间竞争（张池等，2006），而东北红豆杉的种内竞争强度仅占总竞争的 4%，种间竞争则占总竞争的 96%（刘彤等，2007）。

许多学者详细地比较了不同树种的竞争强度，如邹春静和徐文铎（1998）发现沙地云杉种内、种间竞争的强度顺序为山扬＞沙地云杉种内＞白桦＞家榆；邹春静等（2001）研究表明，阔叶红松林种内、种间的竞争强度顺序为红松 - 水曲柳＞红松 - 蒙古栎＞红松 - 红松＞红松 - 紫椴＞红松 - 色木槭＞红松 - 糠椴＞红松 - 白牛槭；段仁燕和王孝安（2005）、段仁燕等（2007）发现，太白红杉自然群落内物种之间的竞争强度为太白红杉 - 太白红杉＞巴山冷杉 - 太白红杉＞牛皮桦 - 太白红杉＞其他树种 - 太白红杉；康华靖等（2008）发现，大盘山香果树种内及其与常见伴生种之间的竞争强度的大小顺序为香果树＞杉木＞七子花＞红脉钓樟＞山胡椒＞尖连蕊茶。

有学者研究表明，林木竞争关系影响植物的生物量分配。例如，汪金松等（2012a；2012b）研究发现，林木之间的竞争对臭冷杉和红松生物量的分配有很大影响。另外一些学者关注与竞争有关的模型研究，如吴巩胜和王政权（2000）从水曲柳落叶松混交林中树木的种内种间竞争机制出发，对与距离有关的竞争模型和邻体干扰模型进行了改进；申瀚文（2012）以马尾松木荷次生林为研究对象，在研究其竞争关系的基础上，建立了各树种的单木生长（胸径、树高、材积）模型、树高曲线模型，并通过单木生长模型模拟林分总断面面积和蓄积量短期内的变化情况。同时大量研究指出（金则新，1997；邹春静和徐文铎，1998；邹春静等，2001；李先琨等，2002；段仁燕和王孝安，2005；刘彤等，2007；孙澜等，2008；刘方炎等，2010），林木竞争强度随林木径级的增大而逐渐减小，甚至严格服从幂函数关系，公式如下所示：

$$CI=AD^{-B}$$

式中，CI 为竞争系数；D 为对象木胸径；A、B 为模型参数。

以上研究揭示了不同植物种内和种间的竞争关系及其与径级的关系，大大促进了人们对植物种间和种内关系及竞争在群落中作用的了解，对森林经营起到了一定的指导性意义。然而，植物间的竞争总是处在动态变化中的，当群落受到干扰（尤指人类干扰）的时候，这些竞争关系是如何响应的呢？顾梦鹤等（2008）针对施肥和刈割对垂穗披碱草、中华羊茅和羊茅种间竞争力的影响进行了研究，结果发现，施肥和刈割处理对原来的竞争格局没有影响。到目前为止，不同的森林经营模式对群落林木竞争关系的影响研究鲜见报道。

在林木竞争的研究过程中首先要区分对象木和竞争木。对象木就是人们所关注的具有经济价值或生态作用较大的林木，所有与对象木产生竞争关系的林木都是竞争木。对象木和竞争木为同一树种时发生的为种内竞争，否则为种间竞争。

如何确立有效竞争木是一个关键而且令人头疼的问题。一般在研究与距离有关的竞争指数时，必须确定有效竞争范围，在此区域内的林木则为竞争木。目前学者使用的方法不一，常见的有以下4种方法：①根据林分的密度来确定竞争范围，如汪金松等（2012b）以此方法确定林木的竞争范围是以 10 m 为半径的圆；②在一定的范围内直接选择与对象木相邻的4株或8株林木作为竞争木，如张彦东和谷艳华（1999）选择对象木周围8株相邻且距离最近的林木作为竞争木；③根据回归分析的统计方法，逐步扩大对象木的影响范围，最终确定林分平均的最佳竞争范围，如申瀚文（2012）用该方法确定了在以中小径阶为主的马尾松木荷次生群落中，最适宜的竞争半径为5m；④根据群落的林窗和冠幅大小来确定竞争范围，如喻泓和杨晓晖（2010）据此确定樟子松林的竞争范围是半径为10m的圆。

但以上方法均不能完美地解决有效竞争木的问题。由于林木竞争指数的空间异质性较大，完全准确地定义竞争范围是不可能做到的（周隽和国庆喜，2007）。而采用固定半径圆可能把非直接竞争者选为竞争木，并把某方向上的直接竞争者排除在竞争单元之外。汤孟平等（2007）认为，基于二次开发语言 MapBasic 进行编程，利用 MapInfo 的 Voronoi 图功能确定竞争单元，可以克服以上两个缺点，但此法对野外数据条件、软件和编程的熟悉程度要求均较高，因此少见应用。

1.2.2　森林天然更新研究进展

森林天然更新是森林生态系统自我繁衍恢复的手段，因此，研究森林天然更新的条件及其与森林群落结构关系是至关重要的。这无论对了解森林生态系统的动态规律，还是采取合理的经营措施都是非常必要的（徐振邦等，2001）。本研究所涉及的林分均是以红松作为建群种，因此，重点关注红松林的天然更新情况。

由于红松的高经济价值及其生态价值，其天然更新受到了高度重视，已有许多研究较完整地揭示了其更新过程及影响因子。红松种群的天然更新过程是由种子→种子库→幼苗→幼树等若干阶段构成的（刘庆洪，1987）。红松更新的第一个阶段：种子→种子库的传播过程主要依靠动物（三岛超，1951；Hayashida，1989）。由于红松球果大，一般长为10～15cm，重约为160g，成熟后种鳞不张开，种子不脱落，整个果球落下，无法借风力或重力自行传播；兼之红松种子具有深休眠性，自然条件下成熟的种子需到第三年春天才能大量发芽，如此长的休眠期大大增加了被取食者消耗的概率；而且球果在落地后经昆虫和微生物的作用，多腐烂并使种子丧失萌发能力。因此，红松的种子传播和天然更新主要依赖于松鼠、星鸦等动物从球果中取出种子，然后将其按2～5粒一簇（或更多）埋藏在地下，只有这样种子才得以与土壤接触，并获得萌发所需的水分和温度等条件（赵锡如，1987；Miyaki，1987；马建章和鲁长虎，1995；鲁长虎，2003；Zong et al.，2009）。调查表明，分布在林地凋落物层上、下的有生命力的红松种子中，高达95%是经动物埋藏的（刘庆洪，1987）。

一般情况下，红松种子经埋藏约20个月之后，会在第三年春天萌发成三五成群的幼苗。红松幼苗适合荫蔽的环境，其更新最好是在郁闭的林分下（徐振邦等，2001）。红松幼苗虽然能忍耐林下荫蔽，但其在荫蔽的条件下生长十分缓慢，而其正常生长仍然要求有一定的光照条件，红松除幼年能耐一定荫蔽外，其他绝大部分时间是需要光照的（张群，2003）。有研究表明，当林下光照强度低于90～230μmol/(m^2·s)时，红松的生长就会受到抑制（丁宝永等，1994）。调查发现，10年以上的红松幼苗如果生长在上层红松生物量较大的林分内，会大量死亡，能长成小径木的非常少（李俊清和王业蘧，1986）。并且红松原始林冠下极少年龄大于20年的红松幼树存在（王树力等，1998）。红松种群的更新具有逐年稳定发生、长期忍耐林下生境的特点，从而保证了在成熟、过熟的红松天然林下，始终存在着一个由年龄为几年到几十年的低矮的异龄更新层。在红松林建成以后，上层林冠稳定不变的几百年内，林冠下的红松种群进行着发生、忍耐和消亡的动态过程。当上层林冠经过破坏或自然死亡后，林下的红松更新层才有可能获得充足的阳光而迅速生长，进入林冠层（刘庆洪，1987）。伊延青（2002）认为，在人工促进红松更新的时候，应在冠下更新幼树年龄为12～13年生时"揭盖"（即伐去影响红松光照条件的林木的经营措施）比较理想，并且"揭盖"应该在春季进行。

另有研究表明，红松更新也不适合全光照条件，最适宜的光照条件不但存在下限，还存在上限。刘庆洪（1988）的研究表明，郁闭度为0.6的红松林中，红松天然更新最好，小于0.3或者大于0.8的林分更新很差。臧润国等（1999）的研究则表明，原始红松阔叶林中绝大部分树种的更新密度在林隙面积为20～40m²时最大，超出这个范围由于光照过弱或过强，红松等树种的更新密度呈现下降趋势。但不足之处在于，他们的研究没有区分红松不同生活史时期对光照的不同要求，而在植物生活史的不同阶段，影响和限制其生长发育的生态因子往往是不同的。

人类干扰往往能显著地影响森林的天然更新状况。刘足根等（2004）对长白山自然保护区的红松天然更新进行了研究，结果表明，在对红松林的松果进行采摘后，地面红松种子主要分布在地被物下层且大多呈单粒状分布，而未受干扰前则地被物上层和下层皆有分布，且呈多粒状分布（多为 2 ~ 5 粒一簇分布）；其储藏量为 1582 ~ 2640 粒 /hm²，仅为 20 世纪 70 年代的 0.3% ~ 0.5%，废种子比率为 67.8% ~ 86.2%，单粒状占总簇数的 46.8% ~ 77.1%，对红松天然更新起重要作用的动物已减少或消失，松果采摘已成为长白山自然保护区红松天然更新的最大障碍之一。东北的红松天然次生林正在受到人类不同方式、不同程度的干扰，这些不同的森林经营措施对红松天然更新到底产生了什么样的影响？现有的经营模式能否保证红松种群继续生存而不沦为衰退种？目前为止此类研究还未见报道。

1.2.3　森林碳储量研究进展

1.2.3.1　森林生态系统碳储量研究

随着森林的生态价值逐渐被人们认识，生态环境效益因子的地位在森林经营中日益突显，其中与气候变化密切相关的森林碳汇作用尤其受到关注，将碳储存在森林和林木产品中通常被看作减缓气候变化影响的极为有效的策略。森林生态系统中的绿色植物通过光合作用将大气中的 CO_2 转变为有机物储存起来，另外森林中的动植物遗体、排泄物和森林枯落物被各种微生物分解，其中，大部分有机物通过腐殖化和非腐殖化过程进入土壤成为其中的有机碳。在物质循环和能量流动过程中光合作用产物被重新分配到森林生态系统的生物量碳库、土壤有机碳库、枯落物碳库和动物碳库四个碳库中（杨洪晓等，2005）。森林作为陆地生态系统的重要组成部分，以其巨大的生物量储存着大量的碳，全球森林植被和土壤共储存了 1146Pg C（Dixon et al.，1994），分别约占全球植被和土壤碳储量的 86% 和 73%（Woodwell et al.，1978），森林植被中的碳储量约占植被干重的 50%（Post et al.，1982），森林土壤中的碳储量比森林植被还要多。森林生态系统在其与大气的碳交换过程中，既有可能成为碳源，也有可能成为碳汇，碳源汇关系的互相转换很大程度上取决于森林采伐、造林和抚育等森林经营管理策略。

与农田、草原、荒漠生态系统相比，森林生态系统具有更为复杂的组成、更加辽阔的空间范围，因此，要对森林生态系统展开研究也最为困难。为了便于研究，Dixon 等（1994）将森林中的碳储量分为生物量和土壤碳库两部分。其中，土壤碳库又包括土壤有机碳库和土壤无机碳库。森林生态系统的生物量主要通过收获法和生物量模型法估测获得。收获法虽然精确度较高，但在收获过程中会对森林碳的正常排放造成一定程度的干扰，且耗时耗力，不适用于区域尺度上生物量的估算；生物量模型法的精确度可能没有收获法高，但操作性较强，适于区域大尺度上的森林生物量估测（解宪丽等，2004）。森林土壤碳储量在森林总碳储量中占据较大比例，常用植被类型法和土壤类型法来估算。植被类型法可以描述植被的分布对土壤碳变化的影响，但是由于巨大的森林面积中植被类型繁多，加上人类活动的干扰，估算结果存在较大的误差。运用土壤类型法估算森林土壤碳储量的前提是需要较系统、完整的土壤理化性质数据，只有在各项指标都满足要求的情况下，计测的结果才具有较高的可信度。Birdsey 等

11

（2006）研究了美国 1600～1800 年的森林碳储量变化；Heath 和 Birdsey（1993）研究了美国温带森林的碳储量，并对未来碳储量的变化进行了预测；Goodale 等（2002）研究了北半球森林的碳储量；Rlexeyev 等（2006）研究了澳大利亚新南威尔士州的森林碳库，并分别计算了地上部分的植被、木质残体、凋落物对碳库的贡献率。近年来，一些国内学者以森林资源清查数据为基础，结合换算因子连续函数法等建立了生物量模型，使得蓄积量–生物量–碳储量可以相互转换，进而估算我国森林植被碳储量（刘金山等，2012）。刘国华等（2000）运用我国森林资源的普查资料对森林碳储量及其动态变化进行了研究分析，得到了总增长量并了解其变化趋势；周玉荣等（2000）运用全国森林资源普查数据，分别估算了全国范围内森林的植被碳密度和土壤碳密度，并对两者的数量级关系进行了分析；王效科和冯宗炜（2000）、王效科等（2001）根据森林资源清查数据，将林龄作为变量参与分析，对我国森林植被碳储量进行了计算，并从中发现了森林植被碳密度与人口密度呈负相关的规律；赵敏和周广胜（2004）以各省市的针阔林蓄积量和各龄级优势树种蓄积量的统计资料为基础，估算出森林植被碳储量，以及各龄级所占比例。

1.2.3.2　木质林产品碳储量研究

木质林产品在低碳时代起到节能减排两大功效：替代能源密集型产品和化石燃料，减少温室气体排放；碳排放滞后效应使其成为一个碳缓冲器，通过对其有效的利用和管理起到碳汇的作用（杨惠，2012），耐用木质林产品可以长期甚至永久保存（Karjalainen and Kellomäki，1995；Werner et al.，2005）。木质林产品也形成了一种碳库，是陆地碳库的重要部分，研究木质林产品的碳储存和排放对全球碳循环的意义不容小觑。

木质林产品的碳储存与碳排放不仅是碳平衡研究的重要内容，也是有关气候变化国际谈判的依据（白彦锋等，2007）。法国有一项研究表明，木材制品的含碳量大约是森林生态系统总碳量的 3%（侯元兆，2004）；我国木质林产品的碳储量在近几十年中占森林碳储量的 5%～10%（杨惠，2012），并且这一比例近年来有增长的趋势。

我国对木质林产品碳储量的研究主要集中在全国范围或省级尺度。白彦锋等（2007）利用寿命分析法和逐步递归法，计算出 1961～2000 年我国木质林产品碳储量年平均增长量分别是 11.72Tg C/a、8.58Tg C/a、7.53Tg C/a；杨惠（2012）估计了我国 1900～2010 年在用木质林产品的碳储量年度变化量分别是 6.29Tg C/a、4.60Tg C/a；黄麟等（2012）根据碳储量变化法估算出江西省 20 世纪 80 年代之前，木质林产品年净增碳蓄积量为 0.01～0.3Tg C/a，其后持续上升至 2007 年的 0.79Tg C/a；林俊成和李国忠（2003）采用大气流量法和储量变化法估算 1999 年台湾地区因木质材料消费与林产品生产使用产生的碳排放量约为化石能源燃烧的碳排放量的 7.46%，为森林年碳吸存量的 37.55%～47.26%。

国外许多学者对木质林产品的碳储量作用进行了分析，主要基于联合国粮食及农业组织（Food and Agriculture Organization of the United Nations，FAO）数据和国家具体数据，利用联合国政府间气候变化专门委员会（Intergovernmental Panel on Climate Change，

IPCC）提供的模型和方法，在国家、地区或全球层面系统分析其对碳平衡的影响。Karjalainen 和 Kellomäki（1995）认为，芬兰木质林产品中 27% ~ 43% 的碳量储存超过了 500 年，木质林产品碳排放总量为 15% ~ 20%。Green 等（2006）采用 3 种方法研究了 2003 年爱尔兰国家范围内在用木质林产品和固体废弃物场所的木质林产品碳量总和分别为 0.375Tg C、0.271Tg C 和 0.149Tg C。Dias 等（2007）、Nunery 和 Keeton（2010）、Chen 等（2010）分别对葡萄牙、美国东北部和加拿大安大略省的木质林产品碳量情况进行了估算研究。Nepal 等（2012）将密西西比州火炬松林木质林产品中累积的碳储量进行量化，表明增加木质林产品中的碳储量（CO_2 当量）16.11 t/hm^2 可能需要延长轮伐期 5 年，增加 CO_2 当量 67.07 t/hm^2 则需要延长轮伐期 65 年，这就意味着如果延长轮伐期 5 年和 10 年，那么密西西比州有可能增加木质林产品碳储量 4500 万 t CO_2 当量和 8000 万 t CO_2 当量，但由于较长轮伐期碳汇现值降低，更高的碳价格将适度延长轮伐期。

木质林产品碳储量研究虽取得一定进展，但在计量方法和数据上还需要进一步深化。参数和模型的不同，导致计算结果具有很大的不确定性。另外，模型与参数具有不同的适用性，要想精确地估计特定环节的木质林产品碳储量是一个长期、不断完善的过程。由于各国国情的不同，至今仍未确定被普遍认可的碳计量方法学。

1.2.4　土壤理化性质研究进展

土壤是森林生态系统中极其重要的组成部分，是森林生态系统研究中的重要内容之一。森林土壤一方面为森林植被提供生存和发展的物质基础，并担当森林生态系统物质循环和能量流动的重要枢纽（宋会兴等，2005；鲁顺保等，2011；秦娟等，2013），另一方面，森林自身的变化也会反过来影响土壤的质量（黄承标等，2009）。土壤性质是土壤质量变化的基本表征和核心内容，从土壤的一系列物理、化学性质中可以综合反映土壤环境的基本状况（Torstensson et al.，1998；路鹏等，2005）。国内外有许多研究表明（Knops and Tilman，2000；周印东等，2003；Rhoades et al.，2004），土壤的物理性状随着森林植被的演替逐渐得到改善，土壤有机质也不断积累，生态系统的演替发展随着土壤发育的进程不断累进，森林土壤不断发育的过程就是土壤肥力提高的过程。土壤理化性质受自然和人为因素的共同影响，自然因素主要包括母质、地貌、海拔、降水、植被类型等（吕贻忠和李保国，2006；李俊清，2010；Plaster，2012），人为因素主要是整地、采伐、更新等抚育营林措施（庞学勇等，2002；江洪等，2003；李树彬，2003；刘美爽等，2010）。一定程度的人为干扰可以促进植物群落的发展，优化土壤的结构和功能，改善后的土壤将更适应下一代群落的生长（丁应祥和张金淬，1999；刘鸿雁和黄建国，2005），因此，对森林资源的合理规划和科学管理，很好地协调了自然资源的保护和利用之间的内在关系，既能使森林的生态效益得到很好的发挥，又能进行森林经营发挥经济效益。

1.2.4.1 土壤物理性质

土壤物理主要指土壤气、液、固三相体系中所产生的各种过程和现象，土壤的物理性质会制约土壤的肥力水平（直接或间接地影响土壤养分的移动、保持和有效性，制约土壤的生物特性及植物摄取土壤中水分和养分的能力），从而影响植物的生长，因此是改良土壤、培肥地力的重要依据。土壤物理性质除了受自然成土因素的影响，人类的干扰活动（耕作、灌排、施肥等）也会使土壤发生改变，在一定条件下可以通过营林措施、水利建设、化学方法等对土壤物理性质进行调节、改良和控制。土壤的物理性质包括土壤的质地、结构、水分、空气状况、热量等，且土壤的各种物理性质和过程是相互联系而又相互制约的，其中，土壤质地、结构和水分居主导地位，其变化常常引起其他物理性质和过程的改变。土壤的物理性质直接关系土壤的蓄水能力，土壤水分研究的主要表征指标有土壤容重、孔隙度、含水率等。

土壤容重指一定容积的土壤经烘干后的重量与同容积水重的比值，由土壤孔隙度和土壤固体的数量来决定。土壤容重主要受土壤结构和植物根系分布的影响（李金芬等，2010；葛晓改等，2012）。土壤孔隙度即土壤孔隙容积占土体容积的百分比，可根据土壤容重和比重计算而得，土壤中各种形状的粗细土粒集合和排列成固相骨架，固相骨架内部有宽狭和形状不同的孔隙，构成复杂的孔隙系统。土壤含水量是土壤中所含水分的数量，一般指土壤绝对含水量，即100g烘干土中含有若干克水分。土壤含水率是农业生产中的一个重要参数，受大气降水、空气蒸发、植物吸收、蒸腾和土壤的性质等因素的影响（芙蓉等，2012），主要的测量方法有称重法、张力计法、电阻法等。森林主要通过其土壤来涵养水源，森林的树种组成、林分结构、林木生物学特性不同，则涵养水源的能力也有较大差异。大气降水依次经过林冠层、林下植被、凋落物层的截留作用后渗入土壤，一部分降水滞留在土壤中形成土壤水（姜志林，1984；蒋文伟等，2002），另一部分通过土壤孔隙下渗形成地下径流和土壤储水，表现为森林保持水土、涵养水源的能力（陈卓梅等，2002；潘紫重等，2002）。林地土壤的水文特性对水分的合理分配起着极其重要的作用，与无林地相比，有林地的水分蓄存和输出都较高（中野秀章，1983；陈东立等，2005）。随着科技的发展和学科的相互渗透，土壤的物理性质研究从经验到理论，由定性到定量发生了质的飞跃，为更好的森林经营管理提供了理论基础和依据。根据以往的研究可以发现，在垂直方向上，土壤容重一般表现为随着土层的加深容重增大的规律（刘鸿雁和黄建国，2005；黄承标等，2009；曹小玉和李际平，2014；魏新等，2014），但挖穴、皆伐、火烧等更新方式会使土壤表层的容重增加（邓旺灿，2011），土壤孔隙度随土层的深度增加而降低（郭琦等，2014；魏新等，2014；张喜等，2014），对不同林龄的森林来说，中林龄的土壤容重较小且含水量都较高（吴晋霞等，2014），土壤容重、含水率也会随着生物多样性指数的增加而增大（吴彦等，2001），另有一些研究表明，皆伐和择伐对被采伐林地的物理性质存在一定程度的影响，但这种影响并不显著（卢伟等，2001）；间伐可以改善土壤温度、湿度条件（Nagaike et al.，1999；赵朝辉等，2012；王艳平等，2014）；在造林过程中，混交林比纯林更有利于改善土壤的物理性质（黄文庆等，2014）。

1.2.4.2　土壤化学性质

土壤化学主要指土壤的物质组成、组分之间和固液相之间的化学反应和过程，以及离子（或分子）在固液相界面上所发生的化学现象。土壤的化学性质是影响土壤肥力水平的重要因素之一，除土壤的酸碱度和氧化还原性对植物生长产生直接的影响外，土壤的化学性质主要是通过对土壤结构状况和养分状况的干预间接地影响植物的生长。土壤有机质的数量和组成、土壤矿物质的组成、土壤交换性阳离子的数量和组成等都会对土壤的质地、结构、水分、微生物活性产生影响。土壤的化学性质对林木的生长及分布有着深刻的影响，通过对土壤化学性质的计测，对林木生长的土壤化学性质的分析，为土壤的改良提供依据。土壤化学性质的表征指标主要有土壤 pH、有机质、盐碱度、阳离子交换量等。

土壤 pH 是土壤酸碱度的表征，主要影响植物吸收各种微量元素的能力大小。有研究表明，在酸性的土壤上施用有机酸或腐殖酸肥料会降低植物吸收铝离子的量，从而可以减轻过量的铝对植物的危害。土壤有机质可以直接影响土壤的保肥、保墒性等，合理的林地利用措施可以改良土壤的性质，使之更适于林木的生长（贾宏涛等，2004）。根据植物从土壤中吸收营养元素的难易程度将各种养分分为速效性养分和缓效性养分。氮和磷可以促进植被各器官的生长发育，钾可以增强林木的抗逆性，提高林木自身的生理调节能力，另有一些元素直接参与植物的代谢过程，合成林木体内的生长激素、酶类等。土壤中可溶性阴阳离子的组成和比例可用于鉴别土壤的盐碱性，阳离子的交换量是土壤蓄肥供肥能力的指标，交换量越大说明土壤的保肥能力越强（闫德仁等，1996；陈兹竣等，1998）。土壤的养分含量、循环过程、调控机理等化学性质的研究，对森林的经营管理尤其重要。许多林业发达的国家在人工林的土壤养分循环及营养缺素诊断方面做了大量的研究，为人工林未来的研究指明了方向。Guo 和 Gifford（2002）发现土地利用方式的改变会降低土壤中有机质的含量；Verheyrn 等（1999）的研究表明，受干扰后的森林生态系统的土壤全磷的含量稍有增加；Liu 等（2000）发现采伐后早期土壤中的钾流失较快；卢伟等（2001）在大兴安岭林区设置若干典型和非典型样地，以皆伐和择伐方式作为变量，观测采伐前后土壤性质的变化发现，采伐对迹地的化学性质影响较为显著；王艳平等（2014）对杉木人工林经过不同强度间伐后的土壤化学性质变化研究发现，强度间伐后，由于林下获得了较高的生物多样性，土壤的保肥能力增强；黄文庆等（2014）研究发现，混交林更有利于改善土壤的化学性质。

1.2.5　土壤酶研究进展

土壤酶指土壤中的聚集酶，包括胞外酶、胞内酶及游离酶，土壤酶主要来源于土壤微生物的活动和植物根系分泌物，土壤动物和植物残体腐解过程中释放的酶也是土壤酶的重要来源（关松荫，1986；林娜等，2010）。目前，土壤中已被鉴定出来的酶类大约有 60 多种，根据催化类型和功能的差异可将其分为四大类，分别为水解酶类（如脲酶、蛋白酶、蔗糖酶、纤维素酶等）、氧化还原酶类（如多酚氧化酶、过氧化氢酶等）、转移酶类（包括转氨酶、转糖苷酶等）及聚合酶类（如脱羧酶）（关松荫，1986；乔琦，2011）。游离态的酶在土壤中性质很不稳定，所以土壤酶多和土壤中的无机矿物、腐殖质及有机物等形成复合体而稳定存在于土壤中（张咏梅等，2004）。

土壤酶在土壤中广泛分布，在土壤肥力维持等方面发挥着重要的作用，已经作为土壤污染诊断和评价土壤质量生物活性的重要指标（杜伟文和欧阳中万，2005）。有研究表明，土壤酶活性具有明显的空间分布特点：周智彬和徐新文（2004）、安韶山等（2005）研究发现，在垂直方向上，随着土壤深度的加深而逐渐减弱；殷全玉等（2012）和李媛媛等（2007）研究发现，土壤酶活性存在着较明显的根际效应，多种土壤酶在根际的活性要显著高于非根际。另外，土壤酶活性也存在着一定的时间分布特点：一般情况下，植物旺盛生长的夏秋季，土壤酶活性相对较高，而春冬季则相对较低（Boerner et al.，2005；范艳春等，2014）；但富宏霖（2008）的研究发现，积雪覆盖下长白山红松林土壤纤维素酶活性在冬季反而是最高的，分析认为这可能与植物休眠和嗜冷微生物的活动有关。土壤酶的活性与土壤理化性质和环境条件密切相关，因而土壤酶活性被广泛用于评价人类活动和环境污染对土壤的影响，也是评价土壤质量生物活性的重要指标（张威等，2008；Pazferreiro et al.，2012；高晓玲等，2013）。目前，森林生态学有关土壤酶活性的研究日益受到高度重视，主要集中于土壤酶的时空动态（杨喜田等，2006）及其与林型（张崇邦等，2004）、植被恢复和森林演替（胡嵩等，2013）、人类活动影响及环境生态条件（Madeleinem et al.，2012）的关系等方面。

1.2.6 土壤微生物研究进展

1.2.6.1 土壤微生物数量研究

土壤中的微生物主要包括具有细胞结构的原核生物（如细菌、放线菌、蓝细菌等）、真核生物（如真菌、藻类、地衣、原生动物等）及无细胞结构的病毒等微小生物（孙向阳，2005）。土壤微生物作为土壤中最活跃的部分，在生态系统中扮演着分解者和消费者的双重角色，是土壤物质流转和能量流动的主要参与者，在土壤生物化学循环中也起着十分重要的作用，与土壤肥力的维持和发展密切相关，对森林生态系统正常结构与功能的维持起着至关重要的作用（陈怀满，2010；池振明等，2010）。通常土壤微生物数量的研究，主要是针对土壤中细菌、放线菌和真菌这三大类群各自的数量及总量、分布特征等方面，通常采用平板培养法进行研究。

土壤中细菌、真菌、放线菌这三大类群土壤微生物数量的差异、变化及其分布，在一定程度上能反映出土壤质量的差异及其变化，因而常被用于土壤肥力和污染评价及森林经营方面的研究。李志辉等（2000）对湘南桉树（*Eucalyptus robusta*）人工林地土壤微生物数量的研究发现，土壤微生物数量的分布规律与林地的有机质含量等土壤肥力状况差异相符。Garau等（2007）研究了土壤微生物数量对 Pb、Cd 和 Zn 重金属污染的响应，发现重金属污染后，土壤细菌和真菌增长速度明显加快，数量显著增加。

邢虎成等（2013）研究了乙草胺对苎麻农田土壤微生物数量的影响，发现土壤细菌、放线菌、真菌数量对乙草胺的施加有着直接的响应。张钦（2013）以不同经营模式的杉木（*Cunninghamia lanceolata*）林为研究对象，发现杉木 – 枫香混交林有利于土壤微生物数量的增加。

1.2.6.2　土壤微生物生物量研究

土壤微生物生物量是土壤活的有机质中最为活跃的组分，指土壤中个体体积小于 $5 \times 10^3 \mu m^3$ 的生物总量，也指土壤微生物中各种营养元素（如 C、N、P、S 等）的含量，表征着土壤的能量循环、生物状态及土壤养分的有效性，在土壤养分循环过程中发挥着重要的作用（张成霞和南志标，2010）。早期土壤微生物生物量的测定是基于计数法，由于土壤微生物种类繁多，个体的形态和大小差异很大，以及绝大多数土壤微生物是不可培养的，该方法在测定微生物生物量方面存在的误差较大，现主要用于土壤微生物数量和区系的研究（林启美，1997）。到了 20 世纪 70 年代，研究者创建了两种生理学方法，即底物诱导呼吸法（Anderson and Domsch，1978）和氯仿熏蒸培养法（Jenkinson and Powlson，1976），这两种方法都存在着一些缺点，如易受其他条件影响，测定结果的准确性不高（胡婵娟等，2011）。90 年代以来，随着微生物生物量测定方法发展，吴金水等（2006）、多祎帆等（2012）提出了氯仿熏蒸提取法（FE），该方法不断被完善与改进，并被广泛应用。特别是近些年来随着科技的进步，各种总有机碳（total organic carbon，TOC）分析仪、元素分析仪等仪器的相继出现，大大减轻了氯仿熏蒸提取法的工作量，并且提高了实验结果的准确性，使得土壤微生物生物量的研究成为土壤学及森林生态学关注的焦点（Alavoine and Nicolardot，2001；闫颖等，2008）。

有研究表明，森林土壤微生物生物量与土壤理化性质显著相关（多祎帆等，2012），在时空动态（Ruan et al.，2004）和林地植被类型（孙英杰等，2015）上也存在差异。为了方便研究土壤养分与土壤微生物生物量的转化关系，有研究者提出了"微生物熵"这一概念，即土壤微生物生物量碳（soil microbial biomass carbon，SMBC）与土壤有机碳（soil organic carbon，SOC）之间的比值（或微生物生物量氮、磷与土壤全氮、全磷之间的比值）（Jia et al.，2005；张燕燕等，2010）。目前，在森林生态系统研究中，微生物熵在森林发展上的变化存在着很大争议，研究者认为随着林龄的增长，土壤中微生物熵随之减小（Jia et al.，2005；焦如珍等，2005）；而有研究者则认为这可能是一个先增加后减小的过程（胡嵩等，2013；Wen et al.，2014）。有研究指出，微生物熵在土壤垂直深度上的分布也存在着不同的观点（Wen et al.，2014；孙英杰等，2015）。此外，土壤微生物生物量与季节的变化密切相关，随季节变化而变化的特点多种多样，有夏高冬低、夏低冬高、干 – 湿季节交替循环等特点（毛青兵，2003；Ruan et al.，2004；王国兵等，2008）。

1.2.6.3　土壤微生物多样性研究

土壤微生物多样性表征着不同尺度上土壤微生物的复杂性和变异性（Johnsen et al.，2001），土壤质量的变化过程能较早地通过土壤微生物多样的变化反映出来，因而土壤微生物多样性常被作为重要的指示因子，用来评价自然或人为干扰引起的土壤质量变化（林先贵和胡君利，2008）。土壤微生物多样性的研究方法多种多样，大致分为以下几类，即平板培养法、磷脂脂肪酸（phospholipid fatty acid，PLFAs）谱图分析法、Biolog 分析方法、以限制性内切酶片段长度多态性（restriction fragment length polymorphism，RFLP）、随机扩增多态性 DNA 标记（random amplified polymorphic DNA，RAPD）、聚合酶链式反应 - 变性梯度凝胶电泳 / 温度梯度凝胶电泳（polymerase chain reaction-denatured gradient gel electrophoresis/temperature gradient gel electrophoresis）、PCR-DGGE /TGGE 及核酸杂交技术等为代表的分子生物学方法。其中，平板培养法主要应用于土壤微生物群落数量和区系的简单研究（Garau et al.，2007；邢虎成等，2013）；PLFAs 谱图分析法主要应用于土壤微生物群落结构多样性的研究（赵帅等，2011）；Biolog 分析方法主要用来分析土壤微生物群落的功能多样性（Zak et al.，1994；华建峰等，2013）；分子生物学方法则用于土壤微生物遗传多样性的研究。近年来，高通量分子测序技术的快速更新，使得宏基因组的研究成为可能，这为更为准确、全面地研究土壤微生物的多样性提供了新的可靠的技术手段（贺纪正，2012；余悦，2012）。

目前，有关森林土壤微生物多样性研究也多主要集中在土壤微生物的遗传多样性、结构多样性和功能多样性三个方面。Sun 等（2014）运用 454 焦磷酸高通量测序技术探讨了芬兰中部泰加林不同泥炭土中的土壤细菌遗传多样性；Huang 等（2014）采用 PLFA 法分析了 8 年生桉树纯林与桉树 / 马占相思（*Acacia mangium*）混交林土壤微生物的结构多样性；郑琼等（2012）采用 Biolog 分析方法研究不同林火强度对大兴安岭偃松（*Pinus pumila*）林土壤微生物功能多样性的影响。

1.3　森林效益评估研究概况

1.3.1　森林碳汇价值估算研究进展

估算森林碳储量和碳汇价值，可以充分发挥林地潜力，为气候变化下发展低碳经济的重要决策提供了依据，同时随着近年来遥感技术的发展和应用，碳汇估算也为该技术的完善奠定了基础（侯学会等，2012）。20 世纪 80 年代以来，学者对森林碳汇的关注越来越多，内容主要集中在碳储量计算方法及各器官碳含量分配格局等方面（Briceño-Elizondo et al.，2006；张骏，2008；覃连欢，2012），而碳汇价值评估的研究较少。由于生态系统的多样性和复杂性，目前的森林碳汇价值研究具有很大的局限性，宏观大范围研究多，小范围研究少，并且估算方法单一、数据不完善，估算结果比较局限（许瀛元等，2012）。

贴现率、碳价格、木材产量、木材价格、轮伐期长度、林产品寿命、林产品中的碳流失及泥炭造林土壤中碳通量的变化都是影响碳汇价值的因素（Brainard et al.，2006）。碳汇价格受多方面因素的影响，同时随着碳汇价格的提高，可能会无限期地延长轮伐期（Price and Willis，2011）；Susaeta 等（2014）则认为，提高当前和未来的碳汇价格，将会分别得出一个稍长和稍短于当前的最优轮伐期。

定价方法有碳税率法、造林成本法、影子价格法、蓄积量转化法、边际成本法等（张颖等，2010；王枫等，2012a）。此外，近些年也兴起了支付意愿法等基于消费者意愿的定价方法（支玲等，2008）。碳税率法、造林成本法在研究中较为常见。不同定价方法得出的碳汇价格差异很大，碳税率法得出的价格较为稳定，主要有瑞典、挪威、美国和法国 4 种碳税法。国内碳汇价值评价多采用造林成本法，但碳汇价格也有所不同。

李亮和王映雪（2011）根据瑞典碳税法计算出云南省森林碳汇的经济价值为 2736 亿美元；侯学会等（2012）根据瑞典碳税法估算出 2002 年广东省桉树的碳汇总价值为 51.92 亿元。有些研究者在对人工林碳汇价值估算中，会用到造林成本法，与碳税率法相比，造林成本法估算的碳汇价值偏小。侯元兆和王琦（1995）、余新晓等（2005）对森林生态服务进行价值评估和核算时采用的碳汇价格是 73.9 元 /t CO_2；赵同谦等（2004）的研究采用的是 70.5 元 /t CO_2。

1.3.2　森林多目标效益评价研究进展

全球生态环境恶化背景下，森林的重要作用得到认可的同时，强调经济和生态效益的森林多目标经营理论应运而生。对森林经营成果的评价经历了由单一目标到综合目标、由经济效益到经济、社会、生态多元效益发展的过程。

受中国国情影响，国内林业经营目标由以木材效益为主转向综合效益的时间相对较短，因此，多目标效益评价起步也较晚。尤其是在生态效益计量上，量化研究的科学性有待完善，大部分评价还仅仅停留在统计数据层面。评价对象多以单一经营目标为主，多目标综合效益评价理论和方法都不完善（王俊峰，2013），特别是并未有统一的、规范的指标体系，现有体系与现实状况脱节现象常有发生。生态功能评价起步较早的是水土保持、水源涵养（余新晓等，2008；陈引珍等，2009；黄进等，2010；莫菲等，2011），随后碳汇（张颖等，2010；侯学会等，2012）、森林旅游（冯书成等，2000；姜春前等，2004）等功能方面也逐渐增多。郑颖等（2012）对黑龙江丹清河林场粗放经营、近自然经营、未经营 3 种经营模式的针、阔天然次生林的生物多样性进行了分析，指出优势树种、灌木和草本层的生物多样性指数会因森林经营模式不同而不同；苏少川等（2012）研究了 9 种经营模式的天然林，发现不同经营模式对树叶的碳储量影响不大，但采育结合经营的碳储量最高，树干、树枝和根系的碳储量都在显著增加。如果有关研究的内容、方法和指标不断完善，无疑会为生态价值的全面评估贡献关键力量。

在评估方法上，对森林综合经济效益多局限于定性的评估，货币量化的研究较少，水源涵养等生态指标只能定性判定其优劣趋势，多目标效益评价一般采取定性为主、定量为辅的方式。夏自谦（1994）尝试对森林水土保持和水源涵养的生态功能及木材生产的经济功能进行多效益评价，建立多目标规划模型，最大化森林的生态效益，却不可避免地导致直接经济收入的减少；洪彦军（2009）对小陇山林区人工林近自然经营成效进行研究，发现经济效益显著，生态效益明显，有利于生物多样化，增加就业岗位，并带动林区脱贫致富；陆元昌等（2010）以德国近自然经营为研究对象，总结了单位、区域和国家 3 个层面的森林经营效果评价方法、标准，成果评价主要从蓄积量、径级分布、林分质量等入手，但在量化评价经营成果上缺乏借鉴意义；付晓等（2009）虽然也对中国省域的生态服务功能进行了评价，但评价方法上未避免主观因素的影响；许姝明（2011）采用环境库兹涅茨曲线（environmental Kuznets curve，EKC）理论研究森林覆盖率、森林蓄积、木材产量与经济发展各因素、政府投资、林业重点工程之间的关系，分析导致我国森林资源变化的各种因素及作用关系，为相关政策的制定提供借鉴，促进生态环境与社会经济的和谐发展。

实现不同经营模式最优目标的经营策略选择一直是中外研究的热点之一。惠刚盈等（2011）以甘肃省小陇山为研究对象，确定了原始群落或地带性顶极群落的 9 种经营模式，选取代表物种多样性、树种组成、竞争程度和生产成本与产出的指标，评估得出最为有效的森林经营模式是天然林采育择伐；D'Oliveira 等（2013）认为，较短的砍伐周期、较轻的砍伐强度和轮换砍伐树种可以促进干扰频率和经营规模的适当结合，从而促进亚马孙西部竹林木材的可持续生产；Liang（2010）利用 446 年的样本点监测数据，提出了一种矩阵林分生长模型，研究阿拉斯加北方森林的动态和经营，其中包括收获和人工更新，对以 40 年为砍伐周期的 300 年进行模拟，研究不同冻土水平和海拔的管理结果，为森林经营提供可行性政策建议；Ovando 等（2010）应用成本 - 效益分析技术估计了石松造林的净效益，结果表明，考虑政府碳汇补贴在内，石松造林不一定出现正的净收益，如果碳汇价格高于 45 美元 /t C，研究区 3 种培育模式都能取得正的扩展净收益。

模拟森林自然干扰是一种越来越受欢迎的森林管理模式，被认为是实现森林可持续发展的一种手段，尤其是火灾机制对森林经营的影响一直是国内外研究的热点，美国、加拿大及亚马孙地区对此研究较为深入。Long（2009）以北美为视角，研究了林火干扰机制及不同自然干扰类型的交互作用对森林经营的重要意义；Perera 和 Cui（2010）以加拿大安大略湖为研究对象，探索了林火机制在制定和评估森林管理策略中的实用性；Wimberly 和 Liu（2014）综合研究了有关太平洋西北部气候、火灾和森林管理的近期文献，总结出森林经营如何适应未来林火机制、减少负面影响的措施；Klenner 等（2008）研究了不列颠哥伦比亚省年度和季节性天气及雷击模式、地形变化、森林灾害与砍伐对森林经营的影响，哥伦比亚生态系统景观的多样性是在多种多样的干扰机制的历史作用下形成的，森林管理应注重维护森林的异质性。由此可以看出，在国外专家观念中，合理地利用林火等自然干扰机制，在一定程度上会促进森林进化，完善森林生态系统。

对森林的多目标经营的评价既要指标合理，又要方法适当。起初比较常见的是专家评价法，是从森林专家、学者的经验角度判断，随后定量的方法逐渐应用起来，运筹学方法、数理统计方法及经济分析方法等都是量化效益、实现可比性的选择。总体看来，在单项生态功能评价上缺少定量的方法，在综合效益评价上缺乏统一的标准和科学的模型。目前关于森林经营效益评价的实证研究中，选取的评价指标存在不合理之处，许多指标难以量化或量化的标准不够科学，社会经济指标过多，而生态环境指标偏少，不能充分反映森林经营的综合效益。在指标选取的过程中，应以反映森林生态系统生态效益的指标（系统结构、生物多样性、碳汇等）为主，结合经济指标综合评价。而且，在研

究区域层面上也存在一个很大的问题，经营尺度、自然经济社会条件、森林措施不同，
选择指标体系时应根据实际进行不断调整，使之反映关键指标的差异，而目前学术研究
中欠缺这部分内容。

　　林业经济中关于最优森林经营管理的研究由来已久。Faustmann（1949）提出的考
虑动态折现条件下的理论对最优森林管理的思想产生了重大影响。有的学者利用实物期
权研究森林经营问题（Insley，2002；Saphores，2003；Alvarez and Koskela，2006）；
除了实物期权模型，还出现了一些研究随机条件下森林最优轮伐管理的模型：Willassen
（1998）应用刺激控制方法研究 Faustmann 模型用于随机森林增长的一般化问题；Lu
等（2003）通过优化最优蓄积函数来对最优疏伐和收获策略进行决策。近些年有关碳
汇及其对最优轮伐期影响的研究开始发展起来，大多数研究是用净现值（net present
valve，NPV）方法分析碳交易的影响（Romero et al.，1998；Benítez and Obersteiner，
2006）。只有少数的文献在实物期权框架下研究了碳汇对最优轮伐期的影响（Guthrie
and Kumareswaran，2009）。

　　最早考虑森林生态价值的模型是 1976 年提出的 Hartman 模型。除了包含木材收益，
它在林地期望价值计算中还考虑了其他价值。在此之后，Hoen（1994）、Kooten 等（1995）、
Hoen 和 Solberg（1997）等进行了完善和扩展。随着有关森林生态价值研究的深入，
Stainback 和 Alavalapati（2002）、Richards 和 Stokes（2004）将森林碳汇价值纳入林地期
望值计算。考虑到木材生产和碳汇的综合收益，Hartman 模型通常作为衡量森林外部性的
传统方法（Kooten and Folmer，2004）。最早使用 Hartman 模型计算森林碳汇价值是在
Kooten 等（1995）的文章中。他们认为森林所有者吸收碳应该受到补贴，而排放碳必须
支付相应的税。实际上没有一个国家践行这种税补贴机制，尽管这对经济优化来说是清晰
而重要的，但这种分析方法本质上仍然是理论。在未来碳汇价格及其他外部条件不变的情
况下，Hartman 模型得出的最优轮伐期比 Faustmann 最优轮伐期延长了近一倍（Olschewski
and Benítez，2010）。

　　沈月琴等（2013）以杉木林为研究对象，以 Hartman 模型得出的林地期望值为目
标，研究分析了影响碳汇供给的碳汇和木材价格、利率等因素；美国佛罗里达大学的
Stainback 和 Alavalapati（2002）采用 Hartman 模型研究表明，随着碳汇价格的增加，碳
汇供应量以递降的速率增加，从而增加林地期望值，提高碳汇效应；朱臻等（2012）在
不同碳汇价格下，对森林的林地期望值和最佳轮伐期进行了模拟，并根据模拟结果选择
不同情景下的最优经营方案；Seidl 等（2007）利用混合斑块 PICUS v1.4 模型和木质林
产品模型，研究了在奥地利无干扰的私人森林管理单位水平上的原地碳储存、木质林产
品和生物能源碳储存及木材生产与生物多样性关键指标之间的相互关系，结果表明，原
地碳储存（不包括木质林产品的森林碳储量）对不同的森林经营方式反应最敏感，无干
扰的管理方式碳储量最高，其次是连续覆盖机制，不同经营模式下木质林产品碳库中都
存储有大量的碳；Olschewski 和 Benítez（2010）研究木材生产和碳汇对厄瓜多尔西北
部速生树种最优轮伐期的影响，结果表明，与只以木材生产为目标的 15 年的最优轮伐
期相比，综合考虑木材生产与碳汇会导致轮伐期延长一倍，这意味着木材收获应该推迟

到碳汇项目的最后；Price 和 Willis（2011）、Asante 和 Armstrong（2012）的研究表明，综合考虑碳汇价值和木材价值的最优轮伐期比只以木材价值为目标的轮伐期稍长，也比只以碳汇价值为目标的轮伐期长。

在综合评价不同森林经营模式综合经济效益研究方面，国内研究较少，有关 Faustmann 模型和 Hartman 模型应用的研究也不多见，因此，要重视林地期望值作为经济效益评估重点的研究分析，加强这方面的研究，从而合理地分析森林经营的木材和碳汇价值，提高森林的多目标利用。除木材生产和碳汇以外，水土保持、生物多样性等也是森林的重要价值，如何合理地估算这些生态效益，以经济价值科学地表示整个森林的综合效益，平衡和实现森林的多目标经营将是以后研究的重点。

第 2 章　研究区概况与研究方法

2.1　研究区概况

2.1.1　自然条件

2.1.1.1　地点

研究区位于小兴安岭南部的黑龙江省哈尔滨市林业局丹清河实验林场境内（129°11′E ~ 129°25′E，46°31′N ~ 46°39′N）。

2.1.1.2　地貌

研究区属小兴安岭南坡的低山丘陵地带，东邻四块石林场，四块石主峰为交界处，支脉向西北和西南延伸至巴兰河沿岸，中部位于山脉起伏的山带，坡度在 15° 左右。巴兰河纵贯林场中部，将林场分成河东、河西两个部分。林场境内海拔在 190 ~ 1028m，平均海拔在 500m 左右。著名的丹清河国家森林公园就坐落于该林场施业区内。

2.1.1.3　气候

研究区域气候属于中温带大陆性季风气候。夏季气候湿润，降雨量集中在 7 ~ 8 月，年降雨量为 600mm 左右，年蒸发量为 1250mm。年日照时数为 2200h，年平均气温为 2℃。最高气温为 31℃，最低气温为 −35℃。初霜在 9 月末，终霜在 5 月中旬，无霜期为 120 天左右，始冻期为 10 月初，解冻期为 5 月初。

2.1.1.4　水文

林场境内水资源丰富，是松花江一级支流巴兰河源头主要汇水区。巴兰河通过林场境内超过 11km，平均河面宽 20m 左右，由北向南流经烟筒山林场，注入松花江。松花江二级支流丹清河平均河面宽 10m 左右，由东北向西南流入巴兰河，水流量随季节变化较大，以雨季流量最大，水面较宽。

2.1.1.5　土壤

土壤属于暗棕壤、沼泽土和草甸土（草甸土面积很小，比例数据四舍五入后未能得到体现）。暗棕壤是该林场主要的土壤类型，分布于不同的坡向和坡位，总面积为 13 541hm²，占该林场土壤面积的 94.9%。暗棕壤共分四个亚类：①典型暗棕壤，主要分布在底山丘陵、山前台地和坡度较大的阶地，A1 层厚度为 10 ~ 20cm，总面积为 10

943hm²，占暗棕壤土类面积的 80.8%；②原始暗棕壤，主要分布在山地，丘陵的上部、中部或坡度较陡的地段，A1 层厚度为 9cm 以下，总面积为 1648hm²，占暗棕壤土类面积的 12.2%；③潜育暗棕壤，主要分布在河谷地、宽平岗、台地与排水不良的地段，A1 层厚度为 15 ~ 25cm，总面积为 827hm²，占暗棕壤土类面积的 6.1%；④草甸暗棕壤，主要分布在平缓岗地、河谷阶地，A1 层厚度为 20cm 左右，总面积为 123hm²，占暗棕壤土类面积的 0.9%。沼泽土主要分布在河岸低洼地、山间沟谷低洼地和山下部小溪两侧谷地，总面积为 721hm²，占该场土壤面积的 5.1%，该土类只有一个亚类，即泥炭腐殖质沼泽土，这类土壤发育在积水较深的沼泽区。

2.1.1.6　植被

研究区植被属于小兴安岭植物群系，共 48 科 210 多种（书中所出现的物种拉丁学名均可参见附录 A）。本区原生植被是以冷杉、红松、云杉为主的针阔混交林，由于林业生产活动，原始林已衍生为次生林，该区的森林植被已衍生为以冷杉为主的针叶混交林和以蒙古栎、黑桦为主的次生林及胡枝子、毛榛子等植物群落。本区地处小兴安岭南坡，地形变化比较明显，因而森林的水平分布与垂直分布也较明显。

其水平分布如下：

以冷杉、云杉为主的针叶混交林，主要分布在林场东南部及东北部火烧岗一带；

以蒙古栎、黑桦为主的阔叶林，主要分布在河西及兔子沟一带；

软阔叶林、硬阔叶林镶嵌分布在以蒙古栎、黑桦为主的阔叶林分中；

白桦林、珍贵硬阔叶混交林，主要分布在沟谷两侧。

其垂直分布如下：

以臭冷杉、鱼鳞云杉为主的针叶混交林，主要分布在海拔 700m 以上，以中龄林为主，长势较好，比较集中；

以蒙古栎、黑桦为主的阔叶林，主要分布在海拔 700m 以下，以中龄林为主，长势较好；

白桦林、珍贵硬阔叶混交林，主要分布在海拔 300m 以下。

乔木主要有红松、臭冷杉、鱼鳞云杉、紫椴、水曲柳、核桃楸、黄檗、蒙古栎、色木槭、榆树、枫桦、白桦、山杨、落叶松、樟子松等，其中国家二级以上保护树种有红松、黄檗、紫椴、水曲柳、核桃楸等树种。

下木主要有毛榛子、胡枝子、花楷槭、珍珠梅、刺五加等，盖度在 30% ~ 50%；主要的地被物有乌苏里薹草、羊胡子薹草、蕨类、铃兰、唐松草、蚊子草、舞鹤草等，盖度在 70% ~ 80%。灌木主要有毛榛子、胡枝子、杜鹃等；草本主要有羊胡子薹草、小叶章、大叶章、风毛菊等；中草药有党参、刺五加、龙胆草、桔梗等；山野菜、野果主要有薇菜、广东菜（粗茎鳞毛蕨）、猴腿蹄盖蕨、山梨、山里红、山丁子（毛山荆子）、核桃楸等；藤本主要有山葡萄、五味子等；菌类主要有榆黄蘑、榛蘑、元蘑、猴头菇、木耳等。

2.1.2　社会经济条件

丹清河林场（本研究区）隶属于哈尔滨市林业局，其行政区划属依兰县迎兰乡。周边有居民 273 户，共 814 人，林场有职工 252 名。从场部至迎兰乡有林区三级公路 43km，东北、东南方向有林道 38km，林区公路 60km，林道公路密度为 $6.3m/hm^2$，交通方便。林场下设管护站、营林站、苗圃、木材加工厂、宾馆、派出所等单位机构。主要经营产品有针阔叶原木、板方材、各种绿化苗木、食用菌种、中国林蛙及蛙油等。

2.1.3 森林经营历史

丹清河国有林场是国家森林抚育经营的试点之一，具备长期监测数据。从 20 世纪 80 年代开始，林场开始从传统的森林经营方式中吸取经验和教训，尝试如何高效地开展森林可持续经营，于是开展了不同森林经营模式对森林经营目标的对比试验。一种森林经营模式是将天然次生林培育成永久性森林，即通过以目标树经营、弱干扰和自然更新等方式使之形成异龄的、混交的和复层的林分，不断采伐成熟的立木，促进林下自然更新，从而保持林分最佳的生长活力。另一种森林经营模式是通过调整育林法经营模式将其变成混交林，以树种调整为主，引进当地的阔叶树种水曲柳、胡桃楸，改变林分的物种组成，使之形成稳定的生态系统。但是，这两种模式与原来的粗放经营和无干扰经营相比，是否会在生态、经济和社会方面达到最佳效果，是否能够成为今后的森林经营方向，这些森林经营模式是否需要进一步调整等问题需要进一步研究和验证。

2.2 研究方法

2.2.1 经营模式

从 20 世纪 80 年代开始，选择起始条件相对一致，即海拔、坡向、坡位、立地条件、林龄、优势树种组成皆相近的天然次生林，开展了不同森林经营模式对天然次生林的对比试验研究。分别形成了粗放森林经营模式（FM1）、目标树森林经营模式（FM2）、调整育林法森林经营模式（FM3）和无干扰森林经营模式（FM4）4 种森林经营模式，其详述如下。

2.2.1.1 粗放森林经营模式

粗放森林经营模式是该地区最普遍的森林经营模式，主要采取"砍大留小，砍好留坏"的主伐方式进行砍伐，砍伐后不采取抚育措施，任植物自然更新、竞争和生长。1984 年抚育间伐，强度为 30%。1995 年主伐一次，强度为 30% ～ 40%。2000 年抚育间伐，强度为 30%。2008 年抚育间伐，强度为 30%。

2.2.1.2 目标树森林经营模式

目标树森林经营模式将林分中所有的林木分为 4 类，即目标树、干扰树、生态保护树和其他树木，对目标树进行永久性的标记，并对其进行单株木抚育管理，目的是在保持森林生态功能的前提下实现高价值林木成分（目标树）最大的平均生长（陆元昌等，

2004；陆元昌，2006；廖声熙等，2009）。目标树一般为树木进入中龄期、生长到高为13 ～ 15m、胸径为 15 ～ 20cm 的树木（周锦北，2011），选择具有生长优势和潜力、无病虫害、冠幅饱满、无损伤的红松作为目标树。考虑到我国木材市场价格因素及短期内获得收益，选择目标树的同时，考虑在两株目标树之间选择一株次级目标树纳入培育目标。因此，初次选择目标树的密度为 200 株 /hm² 左右。1985 年，以目标树为经营中心，对影响目标树的干扰树进行抚育间伐措施，间伐强度为 20% 左右。同年对目标树进行修枝。修枝主要技术是不能中切、不能平切、不能撕破树皮。修枝和留冠的比例保持 1 ：1。1996 年以目标树为经营中心，间伐掉干扰树，间伐强度为 20%。2000 年对干扰树间伐，间伐强度为 20%。2006 年对干扰树间伐，间伐强度为 20%。目标树经营更新措施为：通过间伐、割灌为更新创造较好的光照条件；加强更新幼苗的管理，在更新幼苗生长到一定高度和径级时，伐除周围严重影响更新的干扰树。

2.2.1.3　调整育林法森林经营模式

调整育林法森林经营模式是丹清河林场根据多年的森林经营经验，在天然次生林中引进乡土珍贵阔叶树种来调整林分结构的一种实验性森林经营模式。在 1985 年进行了抚育间伐，强度约为 30%，同时以相近的比例补植黄檗、水曲柳、胡桃楸、紫椴等具有较高经济价值的阔叶树种。1996 年主伐一次，强度约为 30%，同时清理灌草，促进珍贵阔叶树种的生长，加强红松幼苗的更新管理。2000 年和 2006 年抚育间伐，强度皆为 30%。

2.2.1.4　无干扰森林经营模式

无干扰森林经营模式是作为其他 3 种经营模式的对照而设置的，研究在没有人为干扰的情况下天然次生林的生长状况。自 1985 年以来只有天然更新，没有采取任何森林经营管理活动。

2.2.2　样地设置与调查取样

2.2.2.1　样地设置

采用典型抽样法（汪殿蓓等，2001），选择有代表性的林班开展标准地调查。先于 2012 年 8 月，分别在 4 种森林经营模式的林分中各设置了 1 块 50m×50m 的标准地。随后于 2013 年 8 月，又在各种森林经营模式下新增设 2 块 50m×50m 的标准地。因此，4 种不同森林经营模式的林分内各包括 3 块 50m×50m 的标准地（上、中、下坡位各设 1 块）。本书中，植物群落结构和生物多样性、林木竞争和天然更新方面的研究采用 2012 年最初设置的 4 块标准地数据，其余研究内容均采用全部 12 块标准地的数据。各类森林经营模式下的标准地概况见表 2-1。将 50m×50m 的标准地划分为 25 个 10m×10m 的样方，分别编号 1 ～ 25（图 2-1）。

表 2-1　不同经营模式林分概况

经营模式	FM1	FM2	FM3	FM4
经度	129°20′56.1″E	129°21′08.4″E	129°20′56.3″E	129°20′52.7″E
纬度	46°34′32.4″N	46°35′01.3″N	46°34′32.6″N	46°35′07.8″N
海拔（m）	385	338	381	357
坡向	西北	西北	东南	东南
坡度（°）	14	2	10	20
郁闭度	0.9	0.9	0.9	0.8
平均胸径（cm）*	16.20	28.84	15.99	23.51
平均树高（m）*	12.8	19.1	13.3	16.2
乔木层优势种	红松、臭冷杉、紫椴	红松、臭冷杉、色木槭	暴马丁香、红松、色木槭、紫椴	臭冷杉、红松、色木槭
灌木层优势种	东北溲疏、欧亚绣线菊、毛榛	珍珠梅、东北山梅花、东北溲疏	东北溲疏、东北山梅花、毛榛	石蚕叶绣线菊、毛榛、瘤枝卫矛
草本层优势种	东北羊角芹、山酢浆草、薹草属	薹草属、槭叶蚊子草、假冷蕨	薹草属、粗茎鳞毛蕨、北野豌豆	薹草属、假冷蕨、万年藓

* 所在行数据来源于梁星云（2013）

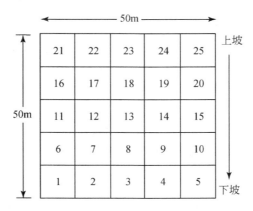

图 2-1　样方设置概况

2.2.2.2　样地调查与样品取样

（1）样地调查

1）乔木层调查：在所有的样方内进行每木调查，记录乔木层植物（胸径 ≥ 5cm）

27

的种名、相对位置、胸径、树高及冠幅等信息。

2）灌木层、草本层调查：在每个样方内选择 1 个 2m×2m 的灌木小样方和 1 个 1m×1m 的草本小样方，调查并记录灌木层（包括胸径＜5cm 的木本植物和所有的藤本植物）和草本层植物的种类、株数、高度和盖度等信息。

3）更新层调查：逐个样方全面展开，调查样方内所有乔木树种更新幼树幼苗（树高 ≥30cm 且胸径＜5cm 的乔木树种）的存活状况，记录乔木树种更新幼树幼苗的种名及其高度。

（2）样品取样

在小样方内，采用全部收获法收集灌木、草本地上和地下部分生物量及凋落物现存量，并称重后取样带回实验室。在标准地的各个样方中心挖一个土壤剖面，分层采集 0～20cm、20～40cm 和 40～60cm 的土壤样品，同一标准地全部样方同一土层土壤样品充分均匀混合后装入聚乙烯保鲜袋，并用生物冰袋保存带回实验室。在实验室将土壤鲜土样品分为两部分，一部分于室内自然风干，之后过筛，室温保存，用于各项土壤化学性质和土壤酶活性的测定；另一部分鲜土样品直接过 2mm 筛后，于 4℃冰箱中保存，用于土壤微生物生物量的测定和功能多样性的 Biolog-Eco 试验。其中，土壤酶活性和微生物的相关测定不包括 40～60cm 的土层。

2.2.3 群落结构与生物多样性计算方法

本书中的植物群落结构主要包括群落物种组成及其重要值、林木的径级结构和垂直结构三大部分；生物多样性指群落内物种多样性（α 多样性），分别计算植物群落内的物种丰富度指数、Shannon-Wiener 指数、Pielou 指数和 Simpson 指数（Lindsey，1956；马克平和刘玉明，1994；覃林，2009）。

1）重要值：重要值＝相对多度＋相对高度＋相对盖度，范围为 0～300。其中，相对多度＝某个种的多度／所有种的多度之和 ×100%；相对高度＝某个种的平均高度／所有种的平均高度之和 ×100%；相对盖度＝某个种的盖度／所有种盖度之和 ×100%（王育松和上官铁梁，2010）。

2）径级结构：径级结构指群落中林木按径级大小的分配格局。径级结构是最重要、最基本的林分结构，因为径级结构将直接影响林木的树高、干形、材积等因子的变化（孟宪宇，1996）。径级结构在不同类型的森林生态系统中变异性非常大，而干扰会影响森林群落的径级结构，因此，径级结构可用来评价森林受到的干扰程度（Denslow，1995；Hitimana et al.，2004；代力民和邵国凡，2005；Webster et al.，2005；Coomes and Allen，2007）。

3）垂直结构：群落的垂直结构能反映林木在群落中的地位，是群落结构的重要部分。

4）物种丰富度指数：物种丰富度指数是以群落中的种数和个体总数（或面积）的关系为基础计测物种丰富度的方法。本研究乔木层、灌木层和草本层分别采用 10m×10m、2m×2m 和 1m×1m 小样方内物种总数 S 的平均值来表示。

28

5）物种多样性指数：物种多样性指数是以物种的数目、全部物种的个体数及每个物种的个体数为基础，综合反映群落中物种的丰富程度和均匀程度的数量指标。采用 Shannon-Wiener 指数、Pielou 指数（以 Shannon-Wiener 指数为基础的均匀度指数）和 Simpson 指数（优势度指数）加以反映（覃林，2009）。

Shannon-Wiener 指数（H'）：Shannon 和 Wiener 借用信息论的方法，通过描述物种个体出现的不确定性来测度物种多样性，即不确定性越高，多样性也越高（Shannon，1948）。其计算公式如下：

$$H' = -\sum_{i=1}^{S} (P_i \ln P_i)$$

Pielou 指数（E）：反映群落中各物种个体数分配的均匀程度，当群落中所有的物种都有同样多的个体数时，可直观地看出均匀性最大；而当全部个体都属于一个物种时，均匀性最小。换言之，即各物种个体数越接近，均匀度越大（Pielou，1966）。其计算公式如下：

$$E = H / \ln S$$

Simpson 指数（D'）：又称优势度指数，是群落各自物种个体分布集中性的度量（Simpson，1949）。其计算公式如下：

$$D' = 1 - \sum_{i=1}^{S} P_i^2$$

式中，S 为物种总数；P_i 为属于物种 i 的个体在全部个体中的比例。

2.2.4　林木竞争计算方法

1）竞争指数的选取。本研究选用 Hegyi 单木指数法，其计算公式如下：

$$CI = \sum_{j=1}^{n} d_j / (d_i \times L_{ij})$$

式中，CI 为竞争强度；n 为竞争范围内有效竞争木的株数；d_j 为竞争木 j 的胸径（cm）；d_i 为对象木 i 的胸径（cm）；L_{ij} 为对象木 i 到竞争木 j 的距离（m）。

2）对象木的选取。选择兼具高经济价值和生态价值的树种为对象木，分别选取红松、臭冷杉、水曲柳、黄檗、紫椴、核桃楸，一共 6 个树种的林木作为对象木。

3）竞争木的确定。以对象木为中心半径为 8m 的圆为有效竞争范围，落在其中的林木则成为有效竞争木。竞争范围确定的主要根据如下：①前人的研究，马建路等（1994）认为老龄红松林内对象木的选取可选择半径为 8m 的样圆，邹春静等（2001）在研究阔叶红松林树种间的竞争关系时也采取了 8m 的样圆范围；②林窗的大小，阔叶红松林内林窗半径一般为 8m 左右（邹春静等，2001）；③林木冠幅大小，本研究林木冠幅半径一般不超过 5m，因此，就光及水分等生态条件的竞争，样圆半径至少为 8m（邹春静等，2001）。

2.2.5 蓄积量计算方法

根据胡云云等（2009）对长白山地区天然林林木生长的研究，主要树种胸径 D 与年龄 A 的关系，可由如下公式得出。

$$\begin{cases} 红松: A=9.975D^{0.675} \\ 臭冷杉: A=15.693D^{0.491} \\ 色木槭: A=9.53D^{0.73} \\ 紫椴: A=5.156D^{0.888} \\ 水曲柳: A=10.166D^{0.724} \\ 桦树: A=5.506D^{0.814} \end{cases}$$

根据当前林分静态值，平均林龄为 100 年，结合上述公式，推算林龄为 120 年时，主要树种树木的年龄和胸径。根据表 2-2 的材积计算公式，模拟主要树种一个周期期末的蓄积量，并根据主要树种蓄积量所占的百分比，估算林分期末的蓄积量水平。最后根据四种经营模式的采伐强度，推测期末的总收获量。

表 2-2　主要树种材积计算公式

树种	材积计算公式
红松	$V=5.786\,95 \times 10^{-5} \times D \times e^{1.889\,2} \times \left(46.402\,6 - \dfrac{2\,137.918\,8}{D+47}\right) \times e^{0.987\,55}$
色木槭	$V=4.884\,1 \times 10^{-5} \times D \times e^{1.840\,48} \times \left(24.817\,4 - \dfrac{402.087\,7}{D+16.3}\right) \times e^{1.052\,52}$
水曲柳	$V=5.330\,9 \times 10^{-5} \times D \times e^{1.884\,52} \times \left(29.442\,5 - \dfrac{468.924\,7}{D+15.7}\right) \times e^{0.998\,34}$
黄檗	$V=5.330\,9 \times 10^{-5} \times D \times e^{1.884\,52} \times \left(29.442\,5 - \dfrac{468.924\,7}{D+15.7}\right) \times e^{0.998\,34}$
椴树	$V=5.330\,9 \times 10^{-5} \times D \times e^{1.884\,52} \times \left(29.442\,5 - \dfrac{468.924\,7}{D+15.7}\right) \times e^{0.998\,34}$
山杨	$V=5.330\,9 \times 10^{-5} \times D \times e^{1.884\,52} \times \left(29.442\,5 - \dfrac{468.924\,7}{D+15.7}\right) \times e^{0.998\,34}$
臭冷杉	$V=5.786\,95 \times 10^{-5} \times D \times e^{1.889\,2} \times \left(46.402\,6 - \dfrac{2\,137.918\,8}{D+47}\right) \times e^{0.987\,55}$
云杉	$V=5.786\,95 \times 10^{-5} \times D \times e^{1.889\,2} \times \left(46.402\,6 - \dfrac{2\,137.918\,8}{D+47}\right) \times e^{0.987\,55}$
榆树	$V=5.330\,9 \times 10^{-5} \times D \times e^{1.884\,52} \times \left(29.442\,5 - \dfrac{468.924\,7}{D+15.7}\right) \times e^{0.998\,34}$
杂木	$V=4.884\,1 \times 10^{-5} \times D \times e^{1.840\,48} \times \left(24.817\,4 - \dfrac{402.087\,7}{D+16.3}\right) \times e^{1.052\,52}$

注：在研究区域中，杂木主要包括蒙古栎、暴马丁香、山槐、乌苏里鼠李等在试验区比例较小的树种。枯立木不计入树种材积计算

2.2.6　木材收获量计算方法

立木状态下树木的主干材积称为材积，不包含枝叶。蓄积量是林分中所有活立木的材积之和。蓄积量一词只能用于尚未采伐的森林、林木和林地。在计算木材生产价值时，应首先计算出单株活立木的材积量，然后再计算出单位面积的蓄积量，之后乘以相对的出材率获得木材收获量，进而再计算木材收获收入。

在计算木材的出材率时，必须根据树木的种类，如针叶树或阔叶树，以及不同径级等级的树木或原木，计算出它们的出材率。不同树种材积的计算公式不完全相同，影响同一树种材积的主要因素是树木胸径 D（cm）。各树种材积（m^3）计算公式见表 2-2（何友均等，2013）。

出材率是采伐木材成为商品材的比例，一般为 60% ~ 80%。各树种的出材率公式为（何友均等，2013）

$$P=\frac{D}{a+b \times D+c \times D^2}$$

式中，P 为出材率；a、b、c 为参数，各树种的出材率拟合参数 a、b、c 在针阔叶树种间稍有差异。

根据何友均等（2013）的研究，结合黑龙江省的森林状况，将各树种分为 3 个树种组，并按照树种组给出出材率拟合参数（表 2-3）。

表 2-3　各树种组合出材率拟合参数

树种组	针叶树	一类阔叶树	二类阔叶树
树种	红松、云杉、臭冷杉等	水曲柳、胡桃楸、桦树、黄檗、椴树、榆树和山杨等	色木槭、杂木等
a	8.614	8.793	11.024
b	0.940	0.992	0.930
c	0.003	0.004	0.005
相关系数	0.995	0.989	0.992

2.2.7　生物量计算方法

（1）基于生物量模型的计算方法

乔木层的生物量根据样方调查数据结合各树种的生物量回归方程（表 2-4）算出。对表 2-4 中未给出回归方程的树种，树干生物量采用 $W_s=0.0141$（D^2H）$^{0.965}$ 计算，其他器官的生物量采用干、枝、叶和根按 73：7：3：17 比例推算（何友均等，2013）。植物和凋落物样品放入烘箱在 80℃的条件下烘干得到干重。在本研究中，基于该方法计算所得的乔木层生物量主要是为后续计算森林生态系统中乔木层的碳储量做前期准备。

表 2-4 主要乔木树种生物量方程

树种	地上生物量公式	地下生物量公式	文献来源
红松	$W_S=0.075\ 57D^{2.570\ 5}$ $W_B=0.167\ 6D^{1.763\ 2}$ $W_L=0.357\ 4D^{0.998\ 5}$	$W_R=0.025\ 88(D^2H)^{0.844}$	陈传国和郭杏芳，1984；马学兴和李文军，2008
臭冷杉	$W_S=0.023\ 8(D^2H)^{0.936\ 9}$ $W_B=0.005\ 5(D^2H)^{0.910\ 5}$ $W_L=0.003\ 6(D^2H)^{0.897\ 4}$	$W_R=0.004\ 4(D^2H)^{0.935\ 6}$	陈传国和郭杏芳，1984
色木槭	$W_S=0.327\ 4(D^2H)^{0.721\ 765}$ $W_B=0.013\ 49(D^2H)^{0.719\ 79}$ $W_L=0.023\ 47(D^2H)^{0.692\ 92}$	$W_R=0.097\ 63(D^2H)^{0.692\ 52}$	陈传国和郭杏芳，1984
椴树	$W_S=0.0127\ 53(D^2H)^{1.009\ 42}$ $W_B=0.001\ 824(D^2H)^{0.974\ 55}$ $W_L=0.000\ 24(D^2H)^{0.997}$	$W_R=0.147\ 3(D^2H)^{0.509\ 9}$	陈传国和郭杏芳，1984
榆树	$W_S=0.709\ D^{2.42}$ $W_B=4.924\ D^{0.976}$ $W_L=1.163\ D^{0.64}$	-	姜萍等，2005
桦树	$W_S=0.049\ 4(D^2H)^{0.901\ 1}$ $W_B=0.014\ 2(D^2H)^{0.768\ 6}$ $W_L=0.010\ 9(D^2H)^{0.647\ 2}$	$W_R=0.011\ 0(D^2H)^{0.920\ 9}$	姜萍等，2005
山杨	$W_S=0.228\ 6(D^2H)^{0.693\ 3}$ $W_B=0.024\ 7(D^2H)^{0.787\ 8}$ $W_L=0.010\ 8(D^2H)^{0.818\ 1}$	$W_R=0.155\ 3(D^2H)^{0.595\ 1}$	姜萍等，2005
云杉	$W_T=5.288\ 3-2.326\ 8D+0.577\ 5D^2$	$W_R=1.958\ 0-1.355\ 6D+0.183\ 4D^2$	穆丽蔷等，1995

注：W_S 为树干生物量，W_B 为树枝生物量，W_L 为树叶生物量，W_T 为地上部分生物量，W_R 为地下部分生物量。D 为林木胸径（cm），H 为林木树高（m）

（2）基于生物量转化因子的计算方法

在森林生态学中，应用比较广泛的生物量调查方法有收获法、标准木法、模型法、生物量转换因子连续法、遥感解释法等。考虑到本研究整个周期的情形，利用上述方法（2.2.5节）推测出的森林蓄积量，根据生物量转换因子（biomass expansion factor，BEF）法估算森林生物量。森林生物量（B）为该林分蓄积量 V 与生物量换算因子的乘积。根据方精云和徐嵩龄（1996）利用森林蓄积量推算森林生物量的研究中，针阔混交林的推算公式为

$$B=0.8019V+12.2799$$

在本研究中，基于该方法计算所得的森林生物量主要是为后续计算单位面积的碳汇价格做前提准备，因此区别于基于生物量模型的计算方法。

2.2.8　碳储量计算方法

2.2.8.1　森林生态系统碳储量计算方法

于颖等（2012）对东北林区不同尺度森林含碳率的研究表明，该地区的阔叶树和针叶树的含碳率差异不大，平均为 0.44。因此，在本研究中均采用 0.44 作为乔木生物量与碳的转换系数。

灌木层和草本层植物及凋落物样品经烘干、粉碎、过筛后装瓶，采用重铬酸钾氧化 – 水合加热法测定碳含量，土壤样品于室内自然风干，粉碎过筛，其碳含量采用重铬酸钾氧化 – 水合加热法测定（何友均等，2013），土壤有机质含量由土壤碳含量乘以 1.724 求得（李海玲，2011）。

乔木层、灌木层、草本层和凋落物层的碳储量均为生物量（或现在量）与其碳含量的乘积。土壤碳储量的计算公式为

$$C_s = \sum_{j=1}^{n} 0.1 \times H_i \times B_i \times O_i$$

33

式中，C_s 为土壤有机碳储量（t/hm^2）；n 为土壤分层数；H_i 为第 i 层的土壤厚度（cm）；B_i 为第 i 层的土壤平均容重（g/cm^3）；O_i 为第 i 层土壤的平均有机碳含量（g/kg）。

2.2.8.2　乔木层地上和木质林产品碳储量计算方法

本小节所计算的碳储量主要侧重于研究其经济价值，因此，区别于 2.2.8.1 节对森林生态系统碳储量的计算方法。

（1）乔木层地上碳储量计算

本小节在计算森林碳储量时分为两种情况，一种不考虑木质林产品中的碳，一种考虑木质林产品中的碳。碳汇交易过程涉及的碳汇一般来自林木。截至目前，林下植物和林地中储存的碳还未参与碳汇交易（许瀛元等，2012；Nepal et al.，2013）。因此，此部分的研究在计算森林活立木碳储量时只考虑乔木层地上碳储量，包括树枝、树干和树叶碳储量。忽略不同森林经营措施对灌木、草本及地下碳储量的影响，与木材产量的研究相对应。

根据 2.2.7 节表 2-4 的方法计算出乔木层地上生物量 W_T，$W_T = W_S + W_B + W_L$。再根据碳储量计算公式得出乔木层地上碳储量，其计算公式如下：

$$C_b = M_b \times O_b$$

式中，C_b、M_b、O_b 分别为植物的碳储量、生物量和碳含量。

（2）木质林产品碳储量计算

除了当前林分状态下的碳储量（乔木层地上碳储量），间伐过程中还涉及木质林产品的碳储存问题。由于丹清河林场尺度较小，不考虑进出口对当地林产品碳储量的影响。木

质林产品碳储量计算公式为（白彦锋等，2007；郭明辉等，2010）

$$P=V \times d \times \alpha$$

式中，V 为林产品体积；d 为基本密度；α 为含碳率。

各种木质林产品中碳保存的效率和使用寿命是不同的。本研究的林分生长周期长，每次间伐的时间间隔在 10 年以上。原木、锯材、木板等硬木类长周期产品，与纸和纸板等短周期木质林产品是截然不同的。周期短的纸制品通常在 5 年内会腐烂、释放碳量，而建筑用材的锯木和木板中的碳保留时间很长，可能保留几十年或上百年。为简化评估，单纯评价几种模式上的差别，本研究事先假定，森林砍伐后，碳会固定在木质林产品中，不计排放。根据已有的研究得到基本密度和含碳率（白彦锋等，2007；郭明辉等，2010）（表 2-5）。

表 2-5　木质林产品基本密度和含碳率

产品名	基本密度 (t/m³)	含碳率 (Mg C/Mg)
原木	0.486	0.496
锯材	0.486	0.496
人造板	0.670	0.466
纸类	0.900	0.340
薪炭材	0.486	0.496

2.2.9　土壤参数测定方法

2.2.9.1　土壤理化性质测定方法

土壤容重、持水率和孔隙度均采用环刀法（100cm³）测定。土壤化学性质测定（鲍士旦，2000）：酸碱度（pH）采用电位法测定；土壤有机碳（SOC）采用重铬酸钾氧化 – 稀释热法测定；全氮（TN）采用 K8400 全自动定氮仪测定；水解性氮采用碱解 – 扩散法测定，参考《森林土壤水解性氮的测定》（LY/T 1229—1999）；全磷（TP）采用碱熔 – 钼锑抗比色法测定；全钾（TK）采用碱熔 – 火焰光度法测定；碱解氮（AN）采用碱解扩散法测定；速效磷（AP）采用双酸浸提法测定；速效钾（AK）采用乙酸铵浸提 – 火焰光度法测定。

2.2.9.2　土壤酶活性测定方法

土壤酶活性测定（关松荫，1986）：蔗糖酶（sucrase，SUC）活性采用 3,5- 二硝基水杨酸比色法，以 24h 后每 1g 土壤生成的葡萄糖的毫克数为一个酶活性单位 [mg/(g·24h)]；脲酶（urease，URE）活性采用靛蓝比色法，以 24h 后每 1g 土壤中 NH_3-N 毫克数为一个酶活性单位 [mg/(g·24h)]；蛋白酶（protease，PRO）活性采用 Folin- 酚法，以 24h 后每 1g 土壤释放酪氨酸的毫克数为一个酶活性单位 [mg/(g·24h)]；酸性磷酸酶（alkaline phosphatase，ALP）活性采用对硝基酚磷酸钠法，以 1h 后每 1g 土生成的对硝基酚的毫克数为一个酶活性单位 [mg/(g·h)]；过氧化氢酶（catalase，CAT）活性采用 $KMnO_4$ 滴定法，以 20min 每 1g 土消耗 0.02mol/L 的 KMnO$_4$ 的毫升数为一个酶活性单位 [mL/(g·20min)]。

2.2.9.3　土壤微生物测定方法

1）土壤微生物计数（章家恩，2006）：采用涂布平板培养法，细菌（bacteria，B）采用牛肉膏蛋白胨固体培养基进行培养，放线菌（actinomycetes，A）采用高氏一号固体培养基进行培养，真菌（fungi，F）采用孟加拉红 - 马丁氏固体培养基进行培养。

2）土壤微生物生物量测定（吴金水等，2006）：土壤微生物生物量碳（SMBC）和微生物生物量氮（soil microbial biomass nitrogen，SMBN）均采用氯仿熏蒸，0.5mol/L K$_2$SO$_4$ 浸提（水土比为 4∶1），浸提液过滤后稀释于 multi N/C 3100 有机碳总氮分析仪（德国耶拿分析仪器股份公司生产）上测定，转换系数均取 0.45；土壤微生物生物量（soil microbial biomass phosphorus，SMBP）采用氯仿熏蒸提取 – 无机磷测定法，浸提液为 0.5mol/L NaHCO$_3$（水土比 20∶1），浸提液过滤后采用钼蓝比色法测定，转换系数取 0.4。

3）微生物熵（microbial quotient）通常指土壤微生物生物量碳与土壤总有机碳的比值，可以作为表征土壤有机碳向土壤微生物生物量碳转化速率快慢的一个重要指标。为了研究土壤微生物对土壤全氮、全磷的利用情况，本研究参照张燕燕等（2010）的方法提出"微生物氮熵""微生物磷熵"的概念；同时为了方便表述，微生物碳熵、微生物氮熵和微生物磷熵统称为微生物熵。其计算公式如下：微生物碳熵（qMBC）= 土壤微生物生物量碳（SMBC）/ 土壤有机碳（SOC）× 100%；微生物氮熵（qMBN）= 土壤微生物生物量氮（SMBN）/ 土壤全氮（TN）× 100%；微生物磷熵（qMBP）= 土壤微生物生物量磷（SMBP）/ 土壤全磷（TP）× 100%。

4）Biolog-Eco 试验：Biolog-Eco 微平板（Biolog inc.，Hayward，CA，USA）由 8×12 共 96 个微孔组成，每 32 个孔为一个重复，含 31 种碳源和一个含水空白对照。将土壤样品稀释液接种至 Biolog-Eco 微平板中，置于 25℃的恒温培养箱中培养，每隔 12h 利用酶标仪（Multiskan Spectrum，Thermo，USA）测定每块微平板各孔分别在 590nm 和 750nm 波长下吸光值，共培养 7d（王利利等，2013）。

根据测定结果，采用 Garland 和 Mills（1991）、Classen 等（2003）的方法分别计算在各培养时间下 Biolog-Eco 微平板的单孔平均颜色变化率（average well color development，AWCD）。选取 72h 培养后的单孔光密度值计算四种不同经营模式土壤微生物的功能多样性指数：Simpson 指数 $D'= 1-\sum P_i^2$，Shannon-Wiener 指数 $H'=-\sum (P_i \times \ln i)$ 和 McIntosh 指数 $U=(\sum n_i^2)^{1/2}$，其中 P_i 为第 i 孔相对光密度值 (C_i-R) 与整个平板相对光密度之和的比率；n_i 为第 i 孔与对照孔的差值 (C_i-R)（吴则焰等，2013a；吴等等等，2015）。

2.2.10　森林经济效益评估方法

2.2.10.1　社会调查

在评价经营目标经济绩效时，木材市场和碳汇市场的波动导致了研究过程中的不确定性，为了尽可能科学地评价经济绩效，合理地把握市场动态，在大量阅读文献的基础上，深入研究附近市场（伊春市、依兰县木材交易市场），咨询该行业的专家学者，并深入当地开展多次座谈，座谈对象包括林场技术人员及财务人员、市场经销商、林产品加工厂负责人等。结合市场现状和专家的知识经验，对研究中的问题作出判断，合理确定分析过程中需要的因子，充分掌握不同树种木材价格、碳汇价格及不同经营模式条件下经营成本等内容，为经济价值的评价提供科学、合理的依据。本研究采用的社会调查方法主要有市场调查、专家访谈、文献查阅。

利用市场调查、统计文献查阅和访谈等方法，结合消费价格指数，分析和收集不同径级（规格和质量）红松、臭冷杉、水曲柳、胡桃楸等木材的市场平均价格、森林采伐成本、增补阔叶树水曲柳、胡桃楸的树种组成比例及其相应成本等数据（附表1、附表2）。

2.2.10.2 成本－效益分析

成本－效益分析是一种经济分析方法，对整个经营周期内全部成本和效益进行量化比较，从而确定经营项目是否可行，或在多大程度上可行。本研究分析每种经营模式的成本和效益，对每种模式的绩效进行评估，确定有利于获得最大效益的模式。

在进行成本分析时，考虑目前碳汇交易机制不完善，交易成本难以计量，且丹清河林场的经营并不是经营目的专一的碳汇林，故碳汇成本暂时不计。为简化计算过程，避免木材生产和碳汇成本的重复计算，假定不考虑该成本对其他生态效益（水源涵养、生物多样性等）的贡献，与木材砍伐和森林经营有关的成本都计入木材生产成本－效益分析中，碳汇只计算效益，不再重复计算成本。

在对丹清河林场不同森林经营模式进行成本分析时，主要考虑以下3个方面：①造林成本，即补植费用，只有调整育林法森林经营模式有此项支出；②森林管护费，由灾害预防费用、基础设施维护费用等构成；③采伐成本，涉及调查设计、采伐作业、运材、销售等费用。根据丹清河林场森林经营的技术方案，每次采伐成本占采伐当年总成本的比例很大；而在不采伐的年份，成本只包括基本的森林管护费用。

国有林场地租为零。将以上成本简记为

$$C=\sum_{i=1}^{m} C_i$$

式中，C_i 分别为补植费用、抚育费用、修枝费用、施肥费用及病虫害预防、防火、偷伐盗伐等管理费用，以及采伐、运输、加工、营销等费用（表2-6）。此外，成本中还应包括育林基金，征收标准为产品销售收入的10%，即育林基金 $T_i=0.1R$。

表2-6　不同森林经营模式单位面积成本　　　　　　　　（单位：元/hm²）

经营模式	FM1	FM2	FM3	FM4
调查设计	2.16	4.34	2.10	—
准备作业	7.06	8.46	8.88	—
采伐作业	15.91	20.09	27.21	—

续表

经营模式	FM1	FM2	FM3	FM4
归装作业	8.10	13.74	9.03	—
集材作业	19.07	29.60	15.27	—
运材作业	45.00	15.86	60.00	—
清林作业	6.68	18.57	27.21	—
辅助生产	9.71	8.46	0.53	—
贮木场	—	5.29	—	—
安全技术	20.27	22.07	0	—
折旧费	170.27	185.37	120.246	—
税金	1 362.16	1 482.98	961.971	—
销售费	85.14	92.70	60.123	—
公路延伸费	194.59	211.85	0	—
物价上涨费	243.24	264.81	0	—
管理费	425.68	463.44	0	—
管护费	53.16	78.23	85.23	32.15
补植费	—	—	397.21	—
其他	851.35	701.55	601.232	726.29

注：表中"—"代表无数据

　　木材生产活动所获得的收入主要包括木材收获收入和间伐收入。木材收获收入指假设当前状态下木材全部采伐所能获得的收入，由单位木材交易价格乘以可获得的木材收获量得到。不同树种不同径级的木材价格是不同的，利用市场调查、文献查阅和访谈等方法，结合消费价格指数，收集分析不同径级（规格和质量）的红松、臭冷杉、水曲柳和核桃楸等木材的市场平均价格（表2-7）。木材间伐收入指在林木全部采伐之前，分批采伐所获得的收入。

表 2-7　主要树种木材单价

树种	直径 (cm)	平均价格（元 /hm²）	树种	直径 (cm)	平均价格（元 /hm²）
	8 ~ 11	540		8 ~ 11	400
	12 ~ 16	807		12 ~ 16	757
蒙古栎	18 ~ 22	1263	黑桦	18 ~ 22	1067
	24 ~ 28	1737		24 ~ 28	1167
	> 30	1960		> 30	1173

树种	直径 (cm)	平均价格 (元 /hm²)	树种	直径 (cm)	平均价格 (元 /hm²)
臭冷杉、云杉	8 ~ 11	670	白桦	8 ~ 11	515
	12 ~ 16	810		12 ~ 16	807
	18 ~ 22	930		18 ~ 22	960
	24 ~ 28	1023		24 ~ 28	1030
	> 30	1057		> 30	1070
红松	8 ~ 11	—	椴树	8 ~ 11	475
	12 ~ 16	830		12 ~ 16	600
	18 ~ 22	1100		18 ~ 22	1087
	24 ~ 28	1250		24 ~ 28	1320
	> 30	1350		> 30	1420
山杨	8 ~ 11	370	色木槭	8 ~ 11	853
	12 ~ 16	473		12 ~ 16	853
	18 ~ 22	593		18 ~ 22	937
	24 ~ 28	680		24 ~ 28	1053
	> 30	700		> 30	1087
榆树	8 ~ 11	700	黄檗	8 ~ 11	1200
	12 ~ 16	725		12 ~ 16	1500
	18 ~ 22	825		18 ~ 22	1700
	24 ~ 28	925		24 ~ 28	1820
	> 30	1075		> 30	1900
核桃楸	> 8	970	次加工	> 18	750
薪材	> 8	350			

黄檗、红松是该林区的禁伐树种，价格通过 2011 ~ 2013 年整个木材市场的平均价格得出；乌苏里鼠李、暴马丁香等小径木胸径 8cm 以上按照薪柴处理；为方便计算，不考虑木材税收。

2.2.10.3 净现值原理

由于木材生产过程中的收获收入、间伐收入和经营成本等不是同时间点的收入和支出量，为进行不同模式间价值的比较，本研究利用净现值原理进行比较分析。NPV 是一个经济指标，由现金流入与流出折现后的净值表示，以市场平均利率或资金成本为折现率。

净现值代表在当前市场利率水平下，森林经营每次产生的净现金流量折算到当前的价值，反映了资金存量的增加或减少值。当成本大于收入时，利润净现值为负；当成本小于收入时，利润净现值为正。净现值计算公式如下：

$$\text{NPV}=\sum_{t=1}^{T}\frac{R_t-C_t}{(1+r)^t}$$

式中，R_t 为 t 年的现金收入；C_t 为 t 年的现金支出；r 为折现率；T 为轮伐期。

折现率是资金的机会成本，是把资金的未来价值或过去价值折为现在价值的一种利率。为了比较不同经营模式一段时期的成本和效益，根据货币时间价值的观点，需要把它们换算成同一时点的价值，这就要确定一个贴现比率，即折现率。

为了分析的方便，考虑到采样时间问题，本研究在计算静态价值时，以 2012 年为基准年，将经济价值折现到 2012 年。祖立娇（2012）等认为，长周期林业经营宜选择低利率（2% ~ 3%），故本研究折现率取 3%。结合复利终值系数表（限于篇幅要求，未在本书中列出），将 1985 ~ 2012 年的成本和收益折算到 2012 年。

2.2.10.4　林地期望值原理

林地的价值与营林方式有关，客观地评估林地价值对优化森林经营有积极的意义。林地期望值是资源经济学中衡量森林价值、确定最优轮伐期的重要标准（杨馥宁等，2007；Faustmann et al.，2007；Chladná，2007）。在这一理论下，假设森林是永续利用的，每个轮伐期的采伐模式、收入、支出水平等都相同，经营模式就是一个轮伐期的无限循环（阮春雄，2010）。林地期望值计算主要有以下三种模型。

（1）Fisherian 模型

Fisherian 模型是单轮伐期作业模型，是以下两种模型的简化和基础，只研究一个经营周期的效益。该理论不考虑森林的其他效益，木材生产是唯一的收入来源；同时假设林地的机会成本为零。该理论认为，最优砍伐时间是平均年增长量（mean annual increment，MAI）与净效益的现值最大之时，即森林价值最大化。森林经营净现值为

$$\text{NPV}^w=[\,pQ(t)-c(t)]\text{e}^{-rT}$$

式中，NPV^w 为木材生产的净现值；$Q(t)$ 为林分生长函数；p 为木材价格（外生给定）；r 为折现率；$c(t)$ 为经营成本。

（2）Faustmann 模型

Faustmann 模型于 1849 年提出，用于计算无限个轮伐期的净现值。前提假设每期的成本和收入保持不变，多次轮伐期是单个轮伐期的重复经营。林地净现值函数为（鄢哲和姜雪梅，2008；Olschewski and Benítez，2010）

$$\text{LEV}=\text{NPV}^w=[\,pQ(t)-c]\text{e}^{-rT}[1+\text{e}^{-rT}+\text{e}^{-2rT}+\text{e}^{-3rT}+\cdots+\text{e}^{-nrT}]$$

$$=\frac{[\,pQ(t)-c]\text{e}^{-rT}}{1-\text{e}^{-rT}}$$

式中，LEV 为林地期望值；c 为造林成本；其他符号含义同上。实际情况下，在一个轮伐

期中的间伐收益及其他费用（管理费等）所产生时期和货币值各不相同，可以按照事实对 Faustmann 模型进行调整（Köthke and Dieter，2010）。

Faustmann 模型的优点是将林地价值货币化，并充分考虑到了资金的时间成本，却忽视了除去木材效益之外的其他效益（沈月琴等，2013；鄢哲和姜雪梅，2008）。因此，Faustmann 模型主要还是用来分析林地的经济价值、皆伐作业的林地评价（李皓和郑小贤，2003），以及合理确定森林地租等（郑小贤，2002；萨缪尔森等，2010）。

（3）Hartmann 模型

Hartmann 模型是对传统 Faustmann 模型的扩展，该模型的特点是包含了除木材生产之外的碳汇、森林游憩、生物多样性等森林效益，在确定人工林最优轮伐期方面应用较多。本研究中只考虑木材和碳汇的经济价值。假定林地所有者经营目的是经济效益与生态服务的统一，林地期望值可以用公式表示为（Olschewski et al.，2010）：

$$LEV = NPV^w + NPV^s$$

$$= \left\{ [pQ(t)-c]e^{-rT} + \int_0^T F(s)e^{-rs}\,ds \right\} [1 + e^{-rT} + e^{-2rT} + e^{-3rT} + \cdots]$$

$$= \frac{[pQ(t)-c]e^{-rT} + \int_0^T F(s)e^{-rs}\,ds}{1 + e^{-rT}}$$

式中，NPV^s 为生态服务现值，本研究指碳汇价值；$F(s)$ 为碳汇价值函数。这一方法实际上将碳汇作为营林目的之一，综合考虑了经济和环境效益，是当前条件下衡量生态服务经济效益的有效方法。

2.2.10.5　碳汇价格确定

国际市场碳汇价值计算采用的价格差别比较大，为了能充分考虑各种情形，本研究拟采用以下 4 种价格：《森林生态系统服务功能评估规范（LY/T 1721—2008）》中规定的固碳价格 1200 元 /t C；最高价位瑞典碳税率法为 150 美元 /t C，折合人民币为 946.5 元 /t C（以 2012 年为基期，平均汇率为 6.31）（侯学会等，2012）；平均造林成本为 305 元 /t C（黄敏等，2010）；国际上碳汇价格为 11 美元 /t C，折合人民币为 75.72 元 /t C（许瀛元等，2012）。本研究采用以上 4 种价格，计算不同森林经营模式的乔木层地上碳汇价值和木质林产品碳汇价值。应当注意的是，1200 元 /t C 实际上是在 2008 年外汇水平下由瑞典碳税率法确定的碳汇价格。

2.3　数据处理

所有数据经 Excel、MATLAB 进行数据管理、汇总，用 SPSS、Canoco、MATLAB、R 软件进行统计分析及制图。首先，比较不同森林经营模式蓄积量、木材收获量、森林生态系统碳储量、乔木层和木质林产品碳储量、土壤理化性质、森林经济价值、土壤酶活性、土壤微生物数量、土壤微生物生物量、微生物熵、土壤微生物碳源类型利用及功能多样性指数之间的差异，利用单因素方差分析法，并进行多重比较（差异显著性设置为 $p < 0.05$ 或 $p<0.01$）。其次，利用相关性分析方法分析土壤各理化性质因子之间的相关性；利用通径分析分别探讨土壤化学性质与土壤酶活性、土壤微生物数量及土壤微生物生物量的关系。进行主成分分析探讨四种森林经营模式林分土壤微生物对碳源种类利用的能力，并进行冗余分析探讨土壤化学性质对土壤微生物碳源种类利用的影响（黄雪蔓等，2014；向泽宇等，2014）。最后，借助 Fisherian 模型、Faustmann 模型、Hartmann 模型对不同森林经营模式一个经营周期内林地期望值进行预测分析，探索森林经济价值对不同因子的敏感度。

第3章　植物群落结构与生物多样性影响

3.1　群落结构

3.1.1　林分概况

林木的密度、胸径和树高是森林群落的基本信息。4 种森林经营模式下林分的平均林分密度、胸高断面积、平均树高和平均胸径状况见图 3-1。

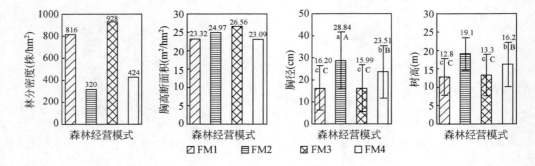

图 3-1　林分平均因子

图中字母表示差异的显著性，含不同小写（或大写）字母表示类型间存在显著（$p < 0.05$）（或极显著，$p < 0.01$）差异，否则类型间无显著差异

由图 3-1 可见，4 种森林经营模式的林分密度以调整育林法森林经营模式最高（928 株/hm²），其密度是粗放森林经营模式（816 株/hm²）的 1.1 倍，是无干扰森林经营模式（424 株/hm²）的 2.2 倍，是目标树森林经营模式（320 株/hm²）的 2.9 倍；胸高断面积的差异并没有林分密度差异表现得那么明显，具体表现为以调整育林法森林经营模式最高（26.56 m²/hm²），其胸高断面积分别是粗放森林经营模式（23.32 m²/hm²）、无干扰森林经营模式（23.09m²/hm²）和目标树森林经营模式（24.97m²/hm²）的 1.1 倍、1.2 倍和 1.1 倍。

4 种森林经营模式的平均胸径和平均树高排序均一致，即以目标树森林经营模式（分别为 28.84cm、19.1m）极显著（$p < 0.01$）大于其余三种森林经营模式，而无干扰森林经营模式（分别为 23.51cm、16.2m）极显著（$p < 0.01$）大于粗放森林经营模式（分别为 16.20cm、12.8m）和调整育林法森林经营模式（分别为 15.99cm、13.3m），粗放森林经营模式和调整育林法森林经营模式之间差异不显著（$p > 0.05$）。

3.1.2　物种组成

利用重要值对 50m×50m 标准地里出现的物种进行统计分析，不同森林经营模式群落的物种组成及其重要值见表 3-1。

表 3-1　不同森林经营模式群落物种组成及其重要值

层次	编号	物种	森林经营模式			
			FM1	FM2	FM3	FM4
乔木层	1	红松	53.88	152.69	35.48	87.19
	2	臭冷杉	35.86	68.36	27.54	117.42
	3	色木槭	32.31	21.81	44.79	19.37
	4	水曲柳	11.33	16.68	31.80	2.76
	5	紫椴	35.41	10.29	37.09	9.91
	6	榆树	16.44	14.34	7.29	10.54
	7	枫桦	22.95	8.62	3.04	7.71
	8	白桦	23.32	7.20	1.59	17.22
	9	暴马丁香	28.48		50.40	10.71
	10	黄檗	1.92		19.79	
	11	核桃楸			11.18	2.86
	12	青楷槭	27.46			2.81
	13	山杨	4.92			
	14	蒙古栎	5.73		8.83	
	15	稠李			1.27	
	16	糠椴			9.43	
	17	山槐			9.21	8.61
	18	乌苏里鼠李			1.27	
	19	红皮云杉				2.88
灌木层	1	东北溲疏	58.90	41.61	63.56	18.43
	2	东北山梅花	16.93	48.29	48.27	15.57
	3	毛榛	25.65	8.13	31.41	28.75
	4	欧亚绣线菊	26.66	9.53	3.64	14.09
	5	金花忍冬	22.96	9.47	8.20	9.16
	6	石蚕叶绣线菊	7.99	40.33	4.43	60.45

层次	编号	物种	森林经营模式			
			FM1	FM2	FM3	FM4
灌木层	7	暴马丁香	14.05	15.49	6.75	15.28
	8	珍珠梅	23.55	59.25	3.43	17.74
	9	大叶小檗	6.18	5.26	7.81	3.74
	10	东北茶藨	3.44	1.55	9.87	5.95
	11	瘤枝卫矛	6.95	11.84	13.55	23.65
	12	青楷槭	6.82	7.67	16.21	3.94
	13	色木槭	6.31	8.11	7.96	17.58
	14	卫矛	7.89	7.87	3.50	5.90
	15	紫椴	2.23	5.35	5.66	5.05
	16	软枣猕猴桃	19.28		2.55	7.96
	17	臭冷杉	6.75		3.16	4.47
	18	刺蔷薇	3.73	1.67		4.07
	19	刺五加	9.80	5.91	8.20	
	20	水曲柳	4.72	8.25		5.07
	21	山葡萄	2.87	1.67		
	22	长白茶藨	2.50			
	23	穿龙薯蓣	0.98			
	24	榆树	2.36		3.45	3.56
	25	红松	3.01		8.17	1.70
	26	白杜	1.24		9.85	
	27	暖木条荚蒾	4.65			
	28	山槐	1.58		3.45	5.14
	29	白桦		2.76		2.20
	30	长白忍冬			3.06	
	31	稠李			1.35	3.74
	32	无梗五加			4.53	
	33	光萼溲疏			3.50	
	34	花楷槭			1.42	

层次	编号	物种	森林经营模式			
			FM1	FM2	FM3	FM4
灌木层	35	鸡树条荚蒾			1.35	0.91
	36	蒙古栎			1.35	
	37	狗枣猕猴桃			7.02	
	38	小花溲疏			3.40	2.28
	39	刺果茶藨				0.82
	40	枫桦				1.55
	41	辽东楤木				0.72
	42	山杨				1.07
	43	乌苏里鼠李				0.72
	44	五味子				8.72
草本层	1	东北羊角芹	61.79	28.98	22.98	14.81
	2	薹草属	51.53	86.83	87.20	110.89
	3	山酢浆草	27.61	11.45	9.95	16.84
	4	假冷蕨	24.83	34.02		44.34
	5	槭叶蚊子草	13.58	40.20	4.42	12.40
	6	粗茎鳞毛蕨	7.55	2.49	28.76	5.34
	7	万年藓	4.99	9.52	1.10	19.01
	8	黑鳞短肠蕨	13.70	10.83	0.87	4.30
	9	舞鹤草	12.73	4.96	3.21	5.43
	10	北方拉拉藤	10.30	1.63		4.09
	11	北野豌豆	9.12	8.60	25.12	10.53
	12	东北假扁果	7.48	0.53	19.28	
	13	宽叶薹草	5.79		2.25	5.99
	14	深山露珠草	4.54	0.99		7.17
	15	红毛七	4.40			
	16	缢瓣繁缕	4.22	3.80		2.40
	17	掌叶铁线蕨	3.11		3.17	
	18	东北风毛菊	2.87	1.23	0.93	0.58

层次	编号	物种	森林经营模式			
			FM1	FM2	FM3	FM4
	19	狭叶荨麻	2.74	5.49		
	20	东北南星	2.65	0.57	4.02	
	21	木贼	2.58			
	22	白花碎米荠	2.50	4.11	20.77	0.54
	23	溪堇菜	2.31	0.91		1.61
	24	白屈菜	1.82			0.58
	25	龙常草	1.74		0.82	6.49
	26	白山乌头	1.67	2.53	6.23	0.82
	27	鼬瓣花	1.67	4.41	1.58	
	28	连钱草	1.67	0.94		
	29	紫斑风铃草	1.26			0.61
	30	银莲花	1.19			
	31	水金凤	0.91	0.53	0.87	
	32	细叶薹草	0.90			
草本层	33	细叶孩儿参	0.84	0.46		1.08
	34	深山堇菜	0.77			
	35	尾叶香茶菜	0.77			
	36	蔓乌头	0.62	1.06	3.33	1.73
	37	和尚菜	0.62	0.53		
	38	朱果紫堇	0.62			
	39	翼果唐松草		4.69	0.82	8.80
	40	北重楼		3.15		2.85
	41	蚊子草		2.29		
	42	林茜草		2.24		0.54
	43	森林附地菜		2.12		
	44	草问荆		2.09	3.55	
	45	山尖子		2.07		
	46	单穗升麻		1.69		
	47	铃兰		1.51		3.73

续表

层次	编号	物种	森林经营模式			
			FM1	FM2	FM3	FM4
	48	毛蕊老鹳草		1.41		1.65
	49	花葱		1.28	2.24	1.08
	50	异叶金腰		1.01		
	51	藜芦		0.99	2.48	
	52	猴腿蹄盖蕨		0.96	17.38	
	53	水杨梅		0.68		
	54	红足蒿		0.61		
	55	烟管蓟		0.55		
	56	鹅观草		0.53		
	57	假升麻		0.53	7.45	
草本层	58	龙牙草		0.53		
	59	鹿药		0.50	2.58	
	60	蓬子菜		0.49		
	61	禾本科		0.46		
	62	荷青花			15.59	
	63	轮叶百合			1.04	
	64	斑叶堇菜				1.34
	65	蔓孩儿参				0.73
	66	大叶柴胡				0.66
	67	库页悬钩子				0.54
	68	小玉竹				0.54

　　4 种森林经营模式标准地中乔木层共有 19 个物种，其中以调整育林法森林经营模式物种数最多（16 种），其次是无干扰森林经营模式（13 种）和粗放森林经营模式（13 种），而目标树森林经营模式物种数最少（8 种）。粗放森林经营模式物种重要值以红松（53.88）最大，其次是臭冷杉（35.86）和紫椴（35.41）；目标树森林经营模式物种重要值以红松（152.69）最大，其次是臭冷杉（68.36）；调整育林法森林经营模式物种重要值以暴马丁香（50.40）最大，其次是色木槭（44.79）和紫椴（37.09），再次是红松（35.48）；无干扰森林经营模式物种重要值以臭冷杉（117.42）最大，其次是红松（87.19）。可以看出，目标树和无干扰森林经营模式分别以红松和臭冷杉为建群种，这两个物种的优势地位异常

突出；在粗放森林经营模式中，红松和臭冷杉的重要值也是最大的，但并不比其他树种的重要值大很多，因此，其优势地位不是特别显著；而在调整育林法森林经营模式中，优势度最大的为暴马丁香、色木槭和紫椴等阔叶树。

4 种森林经营模式标准地中灌木层共有 44 个物种，物种数最多的为无干扰森林经营模式（32 种），其次是调整育林法森林经营模式（31 种），粗放森林经营模式物种数为 28 种，物种数最少的为目标树森林经营模式（20 种）。粗放森林经营模式物种重要值最大的是东北溲疏（58.90），其次是欧亚绣线菊（26.66）和毛榛（25.65）；目标树森林经营模式物种重要值最大的是珍珠梅（59.25），其次是东北山梅花（48.29）和东北溲疏（41.61）；调整育林法森林经营模式物种重要值最大的是东北溲疏（63.56），其次是东北山梅花（48.27）和毛榛（31.41）；无干扰森林经营模式物种重要值最大的是石蚕叶绣线菊（60.45），其次是毛榛（28.75）。

4 种森林经营模式标准地中草本层共有 68 个物种，以目标树森林经营模式物种数最多（49 种），其次是粗放森林经营模式（38 种）、无干扰森林经营模式（34 种）、调整育林法森林经营模式（29 种）。粗放森林经营模式物种重要值最大的是东北羊角芹（61.79），其次是薹草属（51.53）；目标树森林经营模式物种重要值最大的是薹草属（86.83），其次是槭叶蚊子草（40.20）和假冷蕨（34.02）；调整育林法森林经营模式物种重要值最大的是薹草属（87.20），其次是是粗茎鳞毛蕨（28.76）和北野豌豆（25.12）；无干扰森林经营模式物种重要值最大的是薹草属（110.89），其次是假冷蕨（44.34）。

3.1.3 空间结构

3.1.3.1 径级结构

以 2cm 为一个径级，对不同森林经营模式乔木层的林木进行径级划分，其径级结构如图 3-2 所示。由此可见，粗放森林经营模式和调整育林法森林经营模式的林木径级结构较相似且有规律，两者的径级分布均呈倒"J"形，即小径级林木株数比较多，随着径阶的增大，各径级的林木株数开始逐渐减少。而目标树和无干扰森林经营模式较类似，并不呈现倒"J"形分布，不同径级的林木株数相对差异较少，不呈有规律变化，没有明显的峰值。

3.1.3.2 垂直结构

用豌豆图（图 3-3、图 3-4）来表示不同森林经营模式的林木垂直结构状况。图形的宽度表示相对纵坐标树高数值的林木株数多少，宽度越宽则表示此树高数值下的林木株数越多。图中白色线条表示具体的林木，线条越长对应该树高的林木株数越多；每种森林经营模式（图 3-3）或树种（图 3-4）的平均值用粗横线表示，而整个林分林木高度的平均值则用虚线表示。

由图 3-3 可见，就整个标准地的整体而言，所有标准地的林木树高分布均较连续，粗放经营、调整育林法和无干扰森林经营模式均有两个明显的峰值，而目标树森林经营模式

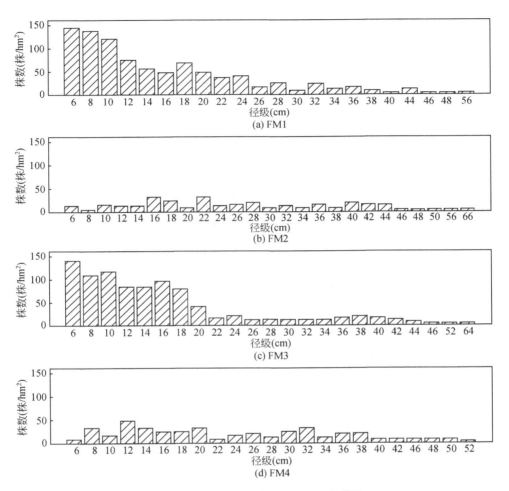

图 3-2　不同森林经营模式的林木径级结构

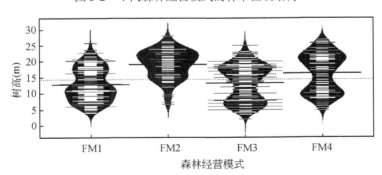

图 3-3　不同森林经营模式的林木垂直结构（梁星云，2013）

只有一个明显的峰值。粗放经营和调整育林法林木树高分布的范围接近一致，其起点和顶点均低于目标树和无干扰森林经营模式，而目标树森林经营模式林木的树高起点最高，树高越高，林木的株数越多。

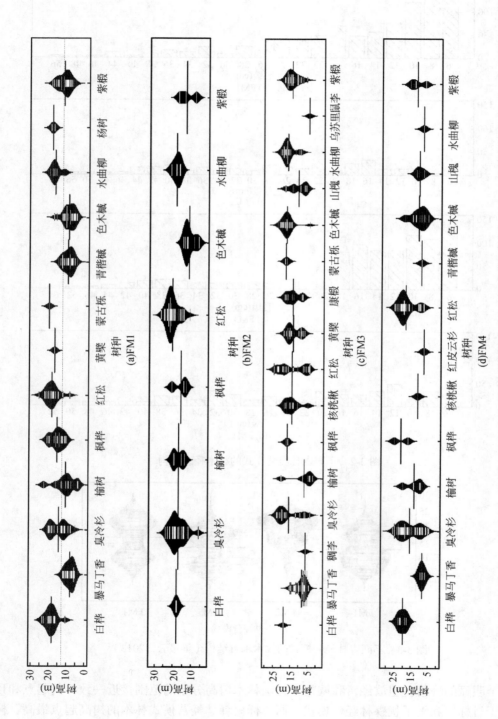

图 3-4 不同森林经营模式的树种高度配置状况

由图 3-4 可见，粗放森林经营模式标准地的 13 个树种中，平均高超过林分平均高的有白桦、臭冷杉、枫桦、红松和水曲柳等，这些林木大部分处于群落的上层；平均高低于林分平均高的主要是暴马丁香、青楷槭、色木槭和紫椴等，这些林木均属于阔叶树，处于群落中较下层的地位。

目标树森林经营模式的 8 个树种中，平均高超过林分平均高的有红松和水曲柳，其中又以红松最为显著，因此红松占据了群落的最上层，也有部分红松分布在群落的中层。臭冷杉的树高分布范围较宽，虽然其平均高低于林分的平均高，但也有一部分处于群落的上层。色木槭树高的起点和顶点均较低，因此处于群落的下层位置。

调整育林法森林经营模式的 16 个树种中，平均高低于林分平均高的树种仅有暴马丁香、稠李、榆树、山槐和乌苏里鼠李 5 个树种，主要是由于处于群落下层的暴马丁香的数量非常大，从而将整个林分的平均高拉低。红松和臭冷杉树高的分布范围近似，既有处于群落上层的林木也有处于群落下层的林木。核桃楸和黄檗基本处于群落中等偏上层的位置，水曲柳则处于群落中较上层的位置。

无干扰森林经营模式的 13 个树种中，超过林分平均树高的树种有白桦、枫桦和红松 3 种，白桦和枫桦数量少，仅分布于群落较上层的位置；红松则数量较大，从群落中层到上层均有分布。臭冷杉的数量也非常大，其平均高与林分的平均高持平，树高的分布范围较广，从群落的上层、中层到下层均有分布。

51

3.2　生物多样性

每种森林经营模式的乔木层物种多样性以 25 个 10m×10m 的样方数据作为重复，灌木层和草本层的物种多样性以 25 个 2m×2m 和 1m×1m 的小样方数据作为重复，基于植物个体的数量和分布状况，用物种丰富度（S）、Shannon-Wiener 指数（H'）、Pielou 度指数（E）和 Simpson 指数（D'）来度量森林植物群落不同层次的生物多样性状态，结果见表 3-2。

表 3-2　不同森林经营模式群落的物种多样性

层次	指数	森林经营模式			
		FM1	FM2	FM3	FM4
乔木层	物种丰富度（S）	5.20±1.71Aa	2.16±1.07Bb	5.76±1.90Aa	2.36±1.08Bb
	Shannon-Wiener 指数（H'）	1.49±0.35Aa	0.65±0.50Bb	1.57±0.33Aa	0.68±0.47Bb
	Pielou 指数（E）	0.93±0.06Aa	0.91±0.23Aa	0.93±0.04Aa	0.91±0.09Aa
	Simpson 指数（D'）	0.73±0.11Aa	0.40±0.29Bb	0.76±0.08Aa	0.41±0.26Bb
灌木层	物种丰富度（S）	6.16±2.08Ab	3.48±1.83Bc	4.20±1.89Bc	7.84±2.82Aa
	Shannon-Wiener 指数（H'）	1.56±0.43Aa	0.98±0.51Bb	1.18±0.50Bb	1.67±0.36Aa
	Pielou 指数（E）	0.88±0.10Aa	0.78±0.27Ab	0.85±0.13Aab	0.84±0.07Aab
	Simpson 指数（D'）	0.73±0.15Aa	0.53±0.24Bb	0.61±0.20ABb	0.74±0.10Aa

续表

层次	指数	森林经营模式			
		FM1	FM2	FM3	FM4
草本层	物种丰富度（S）	7.24 ± 1.96Bbc	9.36 ± 1.93Aa	6.76 ± 2.35Bc	8.24 ± 3.14ABab
	Shannon-Wiener 指数（H'）	1.52 ± 0.27Aa	1.42 ± 0.38Aa	1.44 ± 0.31Aa	1.41 ± 0.59Aa
	Pielou 指数（E）	0.79 ± 0.09Aa	0.64 ± 0.16Bb	0.78 ± 0.10Aa	0.68 ± 0.21ABb
	Simpson 指数（D'）	0.71 ± 0.08Aa	0.64 ± 0.18Aa	0.68 ± 0.11Aa	0.62 ± 0.24Aa

注：" ± "后的数字为标准差，类型间含有一个小写相同字母的表示无显著差异（$p > 0.05$），含不同小写字母的为有显著差异（$p < 0.05$），含不同大写字母的为有极显著差异（$p < 0.01$）。下同

由表 3-2 可知，粗放森林经营模式乔木层的物种丰富度、Shannon-Wiener 指数均小于灌木层和草本层，而 Pielou 指数和 Simpson 指数则高于灌木层和草本层，即乔木层的物种多样性低于灌木层和草本层，但其不同物种的个体分布的均匀程度和某些物种的优势较突出。目标树森林经营模式的物种丰富度、Shannon-Wiener 指数和 Simpson 指数排序为乔木层＜灌木层＜草本层，而 Pielou 指数则为乔木层＞灌木层＞草本层，即目标树森林经营模式乔木层的生物多样性低于灌木层和草本层，但其不同物种的个体分布比灌木和草本植物均匀。调整育林法森林经营模式灌木层的物种丰富度、Shannon-Wiener 指数和 Simpson 指数均小于乔木层和草本层，因此，灌木层物种多样性最低。无干扰森林经营模式乔木层的物种丰富度、Shannon-Wiener 指数、Simpson 指数均低于灌木层和草本层，因此，乔木层物种多样性最低。4 种森林经营模式乔木层的 Pielou 指数均高于灌木层和草本层，即乔木层不同种植物个体分布比灌木层和草本层都更加均匀，而灌木层和草本层同种的植株个体更倾向于聚集在一起生长。

乔木层的 4 个多样性指数（物种丰富度、Shannon-Wiener 指数、Pielou 指数、Simpson 指数）的排序均为调整育林法森林经营模式（5.76、1.57、0.93、0.76）＞粗放森林经营模式（5.20、1.49、0.93、0.73）＞无干扰森林经营模式（2.36、0.68、0.91、0.41）＞目标树森林经营模式（2.16、0.65、0.91、0.40）。除 Pielou 指数无显著差异外，其物种丰富度、Shannon-Wiener 指数和 Simpson 指数的表现均一致，即粗放森林经济模式和调整育林法森林经营模式均极显著高于目标树和无干扰森林经营模式（$p < 0.01$），而前两种森林经营模式之间、后两种森林经营模式之间均无显著差异。

灌木层的 3 个多样性指数（物种丰富度、Shannon-Wiener 指数、Simpson 指数）的排序均为无干扰森林经营模式（7.84、1.67、0.74）＞粗放森林经营模式（6.16、1.56、0.73）＞调整育林法森林经营模式（4.20、1.18、0.61）＞目标树森林经营模式（3.48、0.98、0.53），除调整育林法森林经营模式的 Simpson 指数显著（$p < 0.05$）小于无干扰森林经营模式和粗放森林经营模式外，这 3 个多样性指数均以目标树和调整育林法森林经营模式极显著（$p < 0.01$）小于粗放森林经营和无干扰森林经营模式，前两种森林经营模式之间、后两种森林经营模式之间均无显著差异。Pielou 指数只有粗放森林经营模式显著（$p < 0.05$）小于另外 3 种森林经营模式，其余 3 种森林经营模式间无显著差异。

草本层的物种丰富度以目标树森林经营模式（9.36）最高，与无干扰森林经营模式（8.24）没有显著差异，但极显著地（$p<0.01$）高于粗放（7.24）和调整育林法森林经营模式（6.76），后两者无显著差异。Pielou 指数却以目标树森林经营模式（0.64）最低，与无干扰森林经营模式（0.68）没有显著差异，但极显著地（$p<0.01$）低于粗放（0.79）和调整育林法森林经营模式（0.78），后两者亦无显著差异。4 种森林经营模式的 Shanno-Wiener 指数和 Simpson 指数均无显著差异。

3.3　结论与讨论

（1）林分水平

从 4 种森林经营模式的群落结构来看，虽然粗放森林经营模式和调整育林法森林经营模式的林分密度非常高，为另外两种森林经营模式的 2 ～ 3 倍，但其平均胸径和平均树高均极显著地（$p < 0.01$）小于目标树和无干扰森林经营模式，最终导致其胸高断面积差异不大（23.09 ～ 26.56m²/hm²）。

群落空间结构的分析表明，4 种森林经营模式的林木径级分布范围相差不大，但粗放和调整育林法森林经营模式的径级结构均呈倒 "J" 形分布，即这两种森林经营模式小径级的林木比大径级的林木比例要大得多，而目标树和无干扰森林经营模式中小径级的林木比例大大降低，因此前两者的平均胸径均极显著（$p < 0.01$）小于后两者。目标树森林经营模式中 6 ～ 20cm 径级的林木比例明显低于无干扰森林经营模式中的相应比例，因此其平均胸径也极显著（$p < 0.01$）地大于无干扰森林经营模式。

4 种森林经营模式中乔木层树高分布范围和分布特点不同，导致其平均树高产生差异。目标树森林经营模式的起点明显高于其他 3 种森林经营模式，其分布集中在较大的高度范围，因此其平均树高均极显著地（$p < 0.01$）高于其他 3 种森林经营模式；其次是无干扰森林经营模式的起点和顶点均较粗放和调整育林法森林经营模式高，因此其平均树高极显著（$p < 0.01$）地高于后两者；粗放和调整育林法森林经营模式树高分布范围一致，且均有两个峰值，因此，两者的平均树高并没有显著差异。

通过对 4 种森林经营模式的对比分析可知，粗放森林经营模式和调整育林法森林经营模式均经历过强度为 30% 的主伐，在主伐过程中，大径级林木被大量移除，所释放的空间被后来更新的林木占据，因此自然引进了许多小径级林木，最终导致林分密度的增大，而整个林分的平均树高和平均胸径则大大降低；而目标树森林经营模式主要关注目标树的生长发育，选定目标树后对影响其生长的林木进行间伐，因此，林分中保留了一定数量的大径级林木，而其他小径级林木均被当成干扰树而被移除，最终必然导致林分密度的下降，而其平均树高和平均胸径则大幅增加。修勤绪等（2009）发现，目标树林分作业后黄土高原人工油松林的径级结构趋向正态分布，林分平均胸径增加，与本研究结果基本一致。而郝云庆等（2008）发现，目标树作业后，林木胸径的大小分布呈现出明显的两极分化状态，与本研究结果不一致，原因在于其目标树作业后还补植了部分乡土阔叶树种，本研究仅采取了疏伐和清灌的方式来促进天然更新，没有进行林木的补植。无干扰森林经营模式林分密度低于粗放和调整育林法森林经营模式，主要是其自然稀疏作用导致的。无干扰森林经营模式群落林木的径级分布并不呈倒"J"形分布，与一些研究表明的原始阔叶红松林的径级分布呈倒"J"形"的结论（阳含熙等，1985；Wang et al.，2009；谢小魁等，2010）不一致，但徐海等（2006）的研究表明，在天然红松阔叶林中，各树种小径级林木多明显受压，中径级林木处于中庸状态或亚优势地位，大径级林木全部处于优势地位；阳含熙等（1985）的研究表明，长白山北坡阔叶红松林主要树种的径级结构近似于正态分布，即中径级林木偏多而小径级林木偏少；王顺忠等（2006）的研究也表明，长白山阔叶红松林的径级分布并不是理想的倒"J"形，因此，在无干扰森林经营模式中群落小径级林木偏少属正常现象。

（2）物种水平

从物种的重要值分析来看，粗放和目标树森林经营模式均以红松为建群种，但在目标树森林经营模式中红松的重要值（152.69）明显大于粗放森林经营模式中红松的重要值（53.88）；调整育林法森林经营模式中重要值最大的物种虽然是暴马丁香（50.40），但由于其处在群落的下层，不能成为建群种，而色木槭的重要值（44.79）排序第二，其个体基本分布于群落上层位置，因此成了调整育林法森林经营模式中的建群种；无干扰森林经营模式则以臭冷杉的重要值（117.42）最大，且在群落的上、中、下各层均有分布，因此成为建群种，其次红松重要值（87.19）也很大，其绝大部分个体均位于群落上层，因此红松也是群落的优势种。

我国东北地区顶级植被类型为椴树红松林、枫桦红松林和云冷杉红松林（国庆喜和王天明，2005），由乔木层物种组成及重要值的分析可知，无干扰森林经营模式中的物种构成最接近顶级植被群落，这是在没有人为干扰的情况下，群落自然演替所导致的；其次是目标树森林经营模式，这是强烈的人为干扰，将红松和臭冷杉作为目标树保留下来，并通过不断的疏伐调整使得它们得以上升至优势和建群地位，说明目标树森林经营模式促进了群落的演替（张俊艳等，2010）；粗放森林经营模式有向顶级植被群落发展的趋势，这也归因于自然演替，在主伐过后群落中受压的红松等个体得以冲破封锁，自然发展成为优势物种；调整育林法森林经营模式红松的地位不显著，因此相对于另外3种森林经营模式，其演替阶段较落后，这是由人为地调整了群落的物种结构，以高价值的阔叶树作为重要的培育目标所导致的。

乔木层的物种丰富度以调整育林法森林经营模式最高，是由于此森林经营模式补植了黄檗、水曲柳和核桃楸，并在抚育过程中非常注重针叶及阔叶树种的更新保护，林分密度比其他森林经营模式都要高得多，物种丰富度最高；粗放森林经营模式乔木层的物种丰富度位居第二，这是由于粗放森林经营模式的经营措施比较粗放，主伐后林木的更新较多且没有对其进行过强的间伐，其林分密度较高（位居第二），物种丰富度也较高；无干扰森林经营模式的物种丰富度较低，是由自疏现象导致的；而目标树森林经营模式乔木层的物种丰富度最低，是因为目标树的树种选择较为单一，仅保留了部分对目标树影响不大的次级目标树，因此，林分的密度大大降低的同时，物种丰富度也降低。从以上的分析可知，乔木层的物种丰富度和林分的密度呈正相关的关系，天然次生林中林木的密度越大，则包含不同物种的可能性就越大。同时可以看出，相对于没有人为干扰的无干扰森林经营模式和人为干扰过多的目标树森林经营模式，粗放森林经营模式的物种多样性要高，这符合中度干扰理论的推断，即中等程度的干扰能产生高的生物多样性。而调整育林法森林经营模式也存在较强的人为干扰，但其方式是补植和保护阔叶树，因此，在讨论人为干扰的时候，并不能一味地强调干扰的强度，还必须关注干扰的具体过程。

灌木层的物种丰富度以目标树森林经营模式最低，是由于为了减少目标树受到的竞争（地上和地下）而采取了清灌的方式，灌木层的物种丰富度最低，且多为根兜萌发而来；另外 3 种森林经营模式灌木层的物种丰富度排序与乔木层的物种丰富度排序相反，也和林分密度的排序相反，即为调整育林法森林经营模式最低，其次是粗放森林经营模式，而无干扰森林经营模式的物种丰富度最高，可能乔木层和灌木层的物种多样性处在一个动态平衡的过程中，乔木层的林木密度越大，其物种丰富度就越高，从而越能抑制林下灌木层植物的生长，导致灌木层的物种丰富度越低。

草本层的物种丰富度最大的是目标树森林经营模式，是由于目标树森林经营模式下释放的空间较大，为不同种类草本植物的定居和生长提供了良好的机遇；其次是无干扰森林经营模式，这与其总体的郁闭度（0.8）低于其他 3 种（均为 0.9）有关，一定条件的光照促进了林下草本层植物的生长；粗放和调整育林法森林经营模式由于林分郁闭度高加上乔木层和灌木层的抑制，草本层植物物种丰富度不如前两者。

55

第4章 林木竞争与天然更新影响

4.1 林木竞争

选定样圆半径为8m来计算竞争强度,在确定有效竞争木时,如果对象木的样圆面积出现在标准地之外,则位于标准地之外的竞争木将不会被包括在竞争指数的计算中,因而可能会造成一定程度的偏差。为了避免这种边缘效应,将标准地内距边界8m的区域划分为选定对象木的缓冲带,即仅在标准地中心34m×34m的区域中选定对象木,而竞争木则在整个50m×50m的标准地内选取(图4-1)。

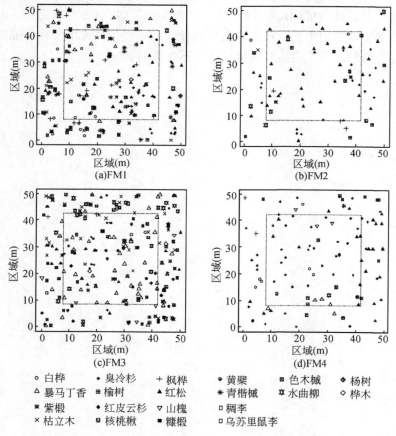

图 4-1 对象木的选择(落在虚线框内的选为对象木)

对象木为红松、臭冷杉、水曲柳、黄檗、紫椴、核桃楸;计算竞争指数的对象木在标准地中心34m×34m的区域内(虚线方框内)进行选取,两个方框之间的区域为缓冲带,竞争木的选取在整个50m×50m的标准地内进行

由表4-1可知,粗放森林经营模式下红松的对象木株数为15株,其竞争木总数为213株,

平均每株对象木的竞争木株数为 14 株，其 Hegyi 竞争指数值为 7.54。为了便于描述和分析，本小节以"（对象木株数 × 平均每株对象木的竞争木株数：Hegyi 竞争指数值）"[①]的形式表示对象木和竞争木的数量及对象木受到的竞争强度，如粗放森林经营模式下红松受到的竞争强度为（15×14：7.54）；而目标树森林经营模式下红松受到的竞争强度（20×6：2.34）极显著（$p<0.01$）低于粗放森林经营模式；采用同样的方法对剩下的 2 种森林经营模式进行比较可知，调整育林法森林经营模式下红松受到的竞争强度（7×16：7.25）极显著（$p<0.01$）高于无干扰森林经营模式下红松受到的竞争强度（8×7：2.86）。总而言之，粗放和调整育林法森林经营模式红松受到的竞争强度均极显著（$p<0.01$）大于目标树和无干扰森林经营模式，而前两者之间、后两者之间均无显著差异。

表 4-1　不同森林经营模式的林木竞争状况

| 森林经营模式 | 对象木 | | 竞争木 | | Hegyi 竞争指数值 |
	树种	株数（株）	总株数（株）	平均每株对象木的竞争大株数（株）	
FM1	红松	15	213	14	7.54 ± 4.58Aa
	臭冷杉	11	181	16	5.56 ± 2.87Bb
	黄檗	1	18	18	13.73Aa
	水曲柳	1	20	20	14.67Aa
	紫椴	10	159	16	5.21 ± 3.67Aa
FM2	红松	20	122	6	2.34 ± 2.34Bb
	臭冷杉	7	51	7	2.45 ± 1.59BCc
	水曲柳	2	13	7	1.13 ± 0.07Bc
	紫椴	2	19	10	1.68 ± 0.56Aa
FM3	红松	7	115	16	7.25 ± 4.54Aa
	臭冷杉	10	170	17	9.29 ± 4.81Aa
	水曲柳	5	68	14	3.06 ± 0.88Bb
	黄檗	10	186	19	4.82 ± 2.49Bb
	紫椴	10	157	16	5.72 ± 1.86Aa
	核桃楸	2	33	17	2.87 ± 0.77Aa
FM4	红松	8	57	7	2.86 ± 1.96Bb
	臭冷杉	27	179	7	2.06 ± 1.31Cc
	水曲柳	1	7	7	0.15Bc
	紫椴	1	5	5	2.17Aa
	核桃楸	1	7	7	0.57Aa

注：只对不同森林经营模式的同种树种进行显著性分析，如不同森林经营模式间的红松只与红松的竞争值进行比较

---

① "："不代表任何意义，仅为下文括号中的数字约定编写格式

臭冷杉受到的竞争强度如下：调整育林法森林经营模式（10×17：9.29）＞粗放森林经营模式（11×16：5.56）＞目标树森林经营模式（7×7：2.45）＞无干扰森林经营模式（27×7：2.06）。

黄檗受到的竞争强度如下：对象木黄檗仅存在于粗放森林经营模式（1×18：13.73）和调整育林法森林经营模式（10×19：4.82）中，由表4-1可见，黄檗在调整育林法森林经营模式中受到的竞争强度比粗放森林经营模式要小得多。

水曲柳受到的竞争强度如下：粗放森林经营模式（1×20：14.67）＞调整育林法森林经营模式（5×14：3.06）＞目标树森林经营模式（2×7：1.13）＞无干扰森林经营模式（1×7：0.15）。

紫椴受到的竞争状况如下：调整育林法森林经营模式（10×16：5.27）＞粗放森林经营模式（10×16：5.21）＞无干扰森林经营模式（1×5：2.17）＞目标树森林经营模式（2×10：1.68）。

核桃楸受到的竞争状况如下：仅存在于调整育林法森林经营模式（2×17：2.87）和无干扰森林经营模式（1×7：0.57）中，两者无显著差异。

综上所述，粗放和调整育林法森林经营模式平均每株对象木的竞争木株数均大于目标树和无干扰森林经营模式，其竞争强度也呈现相似的规律，即除紫椴在不同森林经营模式下的竞争强度差异不显著外，红松、臭冷杉和水曲柳在粗放和调整育林法森林经营模式中均显著（$p < 0.05$）大于目标树和无干扰森林经营模式，而后两者无显著差异。

4.2　天然更新

本研究对 50m×50m 标准地中乔木树种的天然更新情况进行全面调查，结果见表4-2。按标准地更新的密度来说，调整育林法森林经营模式（675株/0.25hm²）＞无干扰森林经营模式（454株/0.25hm²）＞粗放森林经营模式（268株/0.25hm²）＞目标树森林经营模式（168株/0.25hm²）。

表4-2　乔木树种的天然更新

| 物种 | 森林经营模式 | | | | | | | |
| | FM1 | | FM2 | | FM3 | | FM4 | |
	平均树高（m）	更新株数（株/0.25hm²）	平均树高（m）	更新株数（株/0.25hm²）	平均树高（m）	更新株数（株/0.25hm²）	平均树高（m）	更新株数（株/0.25hm²）
红松	0.8	12(4.5%)	0.4	5(3.0%)	1.2	105(15.6%)	1.1	33(7.3%)
臭冷杉	0.4	6(2.2%)	0.5	4(2.4%)	0.8	62(9.2%)	1.1	53(11.7%)
水曲柳	0.8	14(5.2%)	0.7	10(5.9%)	0.7	5(0.7%)	1.3	2(0.4%)
青楷槭	1.5	45(16.8%)	0.9	55(32.7%)	1.3	236(35.0%)	1.1	32(7.0%)
色木槭	2.0	125(46.6%)	1.2	58(34.5%)	1.3	187(27.7%)	1.1	189(41.6%)
紫椴	1.6	6(2.2%)	0.7	19(11.3%)	1.4	33(4.9%)	0.7	33(7.3%)

物种	森林经营模式							
	FM1		FM2		FM3		FM4	
	平均树高 (m)	更新株数 (株 /0.25hm²)	平均树高 (m)	更新株数 (株 /0.25hm²)	平均树高 (m)	更新株数 (株 /0.25hm²)	平均树高 (m)	更新株数 (株 /0.25hm²)
榆树	2.1	20(7.5%)	1.2	9(5.4%)	2.0	41(6.1%)	1.5	15(3.3%)
白桦	0.5	1(0.4%)	0.7	1(0.6%)				
稠李	2.3	10(3.7%)	1.3	1(0.6%)			2.0	13(2.9%)
簇毛槭	2.3	2(0.7%)	1.3	2(1.2%)			1.9	8(1.8%)
核桃楸			1.8	4(2.4%)			1.1	1(0.2%)
枫桦	6.0	1(0.4%)					2.0	2(0.4%)
花楷槭	1.6	1(0.4%)						
裂叶榆	1.8	3(1.1%)					0.6	2(0.4%)
蒙古栎	1.6	4(1.5%)						
鱼鳞云杉	1.6	10(3.7%)						
山槐	0.9	8(3.0%)			0.7	5(0.7%)	1.0	63(13.9%)
蒙古栎					0.6	1(0.1%)		
山杨							2.2	8(1.8%)
合计		268(100.0%)		168(100.0%)		675(100.0%)		454(100.0%)

注：更新株数为 50m×50m（0.25hm²）标准地乔木树种更新苗或更新幼树的总株数。括号内数字表示某树种的更新株数占某森林经营模式更新总株数的百分比

由图 4-2 可清晰看出，粗放森林经营模式的更新乔木有 16 种，以色木槭（125 株 /0.25hm²）和青楷槭（45 株 /0.25hm²）为主，这两个树种的更新株数占总数的 63.4%，平均树高分别为 2.0m 和 1.5m；红松的更新株数为 12 株 /0.25hm²，仅占总株数的 4.5%，且其平均树高（0.8m）在更新层中处于劣势地位。

目标树森林经营模式的更新乔木为 11 种，也以色木槭（58 株 /0.25hm²）和青楷槭（55 株 /0.25hm²）为主，占更新总株数的 67.2%，其平均树高分别为 1.2m 和 0.9m；虽然也有少数更新红松，但其株数（5 株，占总数 3.0%）和平均树高（0.4m）均处于劣势地位。

调整育林法森林经营模式的更新乔木为 9 种，也以青楷槭（236 株 /0.25hm²）和色木槭（187 株 /0.25hm²）为主，占更新总株数的 62.7%，平均树高均为 1.3m；而红松更新株数为 105 株 / 0.25hm²，占总株数的 15.6%，平均树高达到 1.2m，接近更新层的平均树高。

无干扰森林经营模式更新乔木为 14 种，以色木槭（189 株 /0.25hm²）为主，占更新总株数的 41.6%，平均树高为 1.1m；其次是山槐（63 株 /0.25hm²），占更新总株数的 13.9%，平均树高为 1.0m；随后为臭冷杉（53 株 /0.25hm²），占更新总株数的 11.7%，平

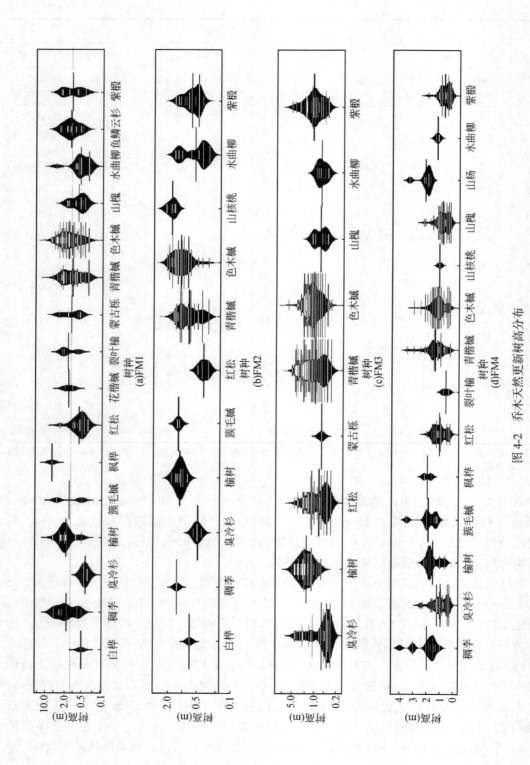

图 4-2 乔木天然更新苗高分布

均树高为 1.1m；红松和紫椴更新密度均为 33 株 /0.25hm^2，占总株数的 7.3%，平均树高分别为 1.1m 和 0.7m；青楷槭（32 株 /0.25hm^2），占更新总株数的 7.0%，平均树高为 1.1m。

4 种森林经营模式的乔木更新层均以色木槭和青楷槭为主，两者总株数在粗放、目标树和调整育林法森林经营模式中均超过更新总数的 60%，在无干扰森林经营模式中接近 50%。红松更新密度和平均树高的排序一致：调整育林法森林经营模式（105 株 / 0.25hm^2，1.2m）＞无干扰森林经营模式（33 株 /0.25hm^2，1.1m）＞粗放森林经营模式（12 株 / 0.25hm^2，0.8m）＞目标树森林经营模式（5 株 /0.25hm^2，0.4m）。

4.3　结论与讨论

（1）竞争情况

竞争关系是种内和种间关系的基本形式，是影响植物个体生长、形态结构和存活状况的主要因素之一，同时也影响植物种群的空间分布格局、动态变化及整个群落的物种多样性，因此，研究林木之间的竞争关系有助于森林经营的决策制定。本研究选取红松、臭冷杉、水曲柳、黄檗、紫椴和核桃楸 6 个树种作为对象木，目标树和无干扰森林经营模式的对象木平均竞争木数量均少于粗放和调整育林法森林经营模式，其受到的竞争强度也较小。可见，林木受到的竞争强度与林分密度息息相关，通过间伐减小林分密度可以降低林木之间的竞争强度，但是一定空间范围内的林木之间总是存在竞争的，而林分密度不可能无限降低，怎样的竞争强度使得林木的生长和群落的总生物量两者达到最大的协同效果，可在以后的研究中更加深入地分析和探讨。

（2）更新情况

群落的天然更新关乎群落未来的发展演替方向，良好的天然更新状态有利于森林的可持续经营和管理。4 种森林经营模式均以阔叶树种青楷槭和色木槭为主，两者的更新总株数超过了粗放、目标树和调整育林法森林经营模式更新总数的 60%，接近无干扰森林经营模式更新总数的 50%，而红松和臭冷杉在 4 种森林经营模式的群落中更新均较少，在树高方面这两种群落中的顶级针叶树也比不上前两者，说明当前这 4 种森林经营模式均更有利于阔叶树的天然更新。红松在调整育林法森林经营模式中的更新状况相对较好，而在目标树森林经营模式中最差，这是由于调整育林法森林经营模式中十分注重保护各种针阔叶树的幼苗，而目标树森林经营模式只关注目标树的生长发育，在清灌的过程中过于粗糙，林木的更新幼苗随其他杂灌一起被砍除，林下更新不良。

第 5 章　森林生态系统碳储量影响

5.1　乔木层碳储量

如图 5-1 所示，4 种森林经营模式乔木层总碳储量排序为目标树森林经营模式（112.92t/hm²）＞无干扰森林经营模式（85.91t/hm²）＞调整育林法森林经营模式（80.09t/hm²）＞粗放森林经营模式（76.96t/hm²），目标树森林经营模式分别是粗放森林经营模式、调整育林法森林经营模式、无干扰森林经营模式的 1.5 倍、1.4 倍、1.3 倍。目标树森林经营模式树根碳储量为 15.50t/hm²，分别为粗放森林经营模式、调整育林法森林经营模式、无干扰森林经营模式的 1.3 倍、1.2 倍、1.3 倍。目标树森林经营模式乔木层树干碳储量为 85.22.t/hm²，分别为粗放森林经营模式、调整育林法森林经营模式、无干扰森林经营模式的 1.5 倍、1.4 倍、1.3 倍。目标树森林经营模式乔木层树枝碳储量为 10.21t/hm²，分别为粗放森林经营模式、调整育林法森林经营模式、无干扰森林经营模式的 1.4 倍、1.7 倍、1.2 倍。无干扰森林经营模式乔木层树叶碳储量为 2.45t/hm²，分别为粗放森林经营模式、目标树森林经营模式的 1.3 倍、1.2 倍。4 种森林经营模式乔木层各器官的碳储量都是树干（56.00 ~ 85.22t/hm²）＞树根（11.70 ~ 15.50t/hm²）＞树枝（6.32 ~ 10.21t/hm²）＞树叶（1.96 ~ 2.45t/hm²）。

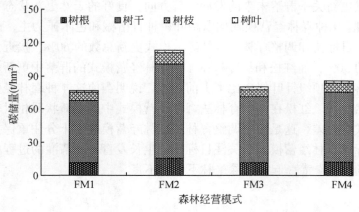

图 5-1　乔木层碳储量及其分配

5.2　灌木层碳储量

如图 5-2 所示，灌木层地上部分碳储量排序为无干扰森林经营模式（0.78t/hm²）＞目标树森林经营模式（0.36t/hm²）＞调整育林法森林经营模式（0.35t/hm²）＞粗放森林经营模式（0.29t/hm²），且无干扰森林经营模式极显著高于另外 3 种森林经营模式，另外三者之间没有显著差异；灌木层地下部分碳储量排序为无干扰森林经营模式（0.53t/hm²）＞粗放森林经营模式（0.20t/hm²）＞目标树森林经营模式（0.19t/hm²）＞调整育林法森林经营模式（0.11t/hm²），且无干扰森林经营模式极显著高于其他 3 种森林经营模式，其他三者之间没有显著差异；灌木层总碳储量排序为无干扰森林经营模式（1.30t/hm²）＞目标树森林经营模式（0.54t/hm²）＞粗放森林经营模式（0.49t/hm²）＞调整育林法森林经营模式（0.46t/hm²），且无干扰森林经营模式极显著高于粗放森林经营模式、目标树森林经营模式、调整育林法森林经营模式，粗放森林经营模式、目标树森林经营模式、调整育林法森林经营模式之间没有显著差异。4 种森林经营模式灌木层地上部分碳储量均高于地下部分碳储量。

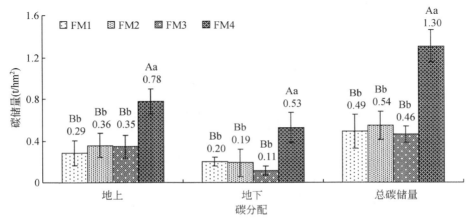

图 5-2　灌木层碳储量及其分配

图中不同大写字母表示差异显著（$p < 0.01$），不同小写字母表示差异显著（$p < 0.05$）

5.3　草本层碳储量

如图 5-3 所示，草本层地上部分碳储量排序为无干扰森林经营模式（0.41t/hm²）＞目标树森林经营模式（0.30t/hm²）＞调整育林法森林经营模式（0.07t/hm²）＞粗放森林经营模式（0.03t/hm²），目标树森林经营模式、无干扰森林经营模式极显著高于粗放森林经营模式、调整育林法森林经营模式，前两者之间、后两者之间均无显著差异；草本层地下部分碳储量排序为目标树森林经营模式（0.29t/hm²）＞无干扰森林经营模式（0.21t/hm²）＞粗放森林经营模式（0.07t/hm²）＞调整育林法森林经营模式（0.02t/hm²），且粗放森林经营模式极显著高于调整育林法森林经营模式，无干扰森林经营模式显著高于调整育林法森林经营模式，粗放森林经营模式与无干扰森林经营模式之间没有显著差异；草本层总碳储量排序为无干扰森林经营模式（0.62t/hm²）＞目标树森林经营模式（0.59t/hm²）＞粗放森林经营模式（0.10t/hm²）＞调整育林法森林经营模式（0.09t/hm²），且目标树森林经营模式、无干扰森林经营模式极显著高于粗放森林经营模式、调整育林法森林经营模式，粗放森林经营模式、调整育林法森林经营模式之间没有显著差异。粗放森林经营模式草本层地上部分碳储量低于地下部分，另外 3 种森林经营模式草本层均为地上部分碳储量高于地下部分。

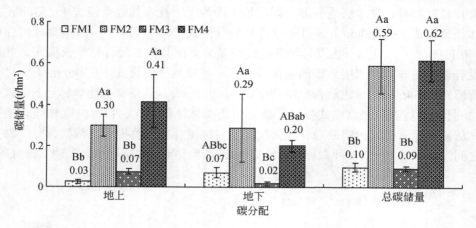

图 5-3　草本层碳储量及其分配

图中不同大写字母表示差异显著（$p < 0.01$），不同小写字母表示差异显著（$p < 0.05$）

5.4　凋落物层碳储量

如图 5-4 所示，凋落物层碳储量分别为无干扰森林经营模式（1.56t/hm²）＞调整育林法森林经营模式（1.34t/hm²）＞目标树森林经营模式（1.33t/hm²）＞粗放森林经营模式（1.32t/hm²），4 种森林经营模式的凋落物层碳储量差异不显著（$p < 0.05$）。

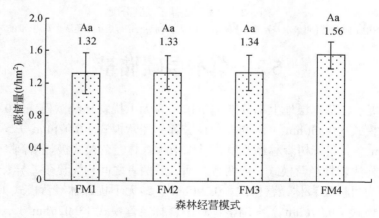

图 5-4　凋落物层碳储量及其分配

图中不同大写字母表示差异显著（$p < 0.01$），不同小写字母表示差异显著（$p < 0.05$）

5.5　土壤层碳储量

如图 5-5 所示，4 种森林经营模式不同土壤深度碳含量随土层的加深而降低。0 ～ 20cm 土层碳含量分别为目标树森林经营模式（66.80g/kg）＞调整育林法森林经营模式（51.75g/

kg）＞无干扰森林经营模式（51.18g/kg）＞粗放森林经营模式（49.80g/kg），且目标树森林
经营模式极显著高于另外 3 种森林经营模式，另外三者之间没有显著差异；20 ～ 40cm 土层
碳含量分别为无干扰森林经营模式（25.90g/kg）＞目标树森林经营模式（25.10g/kg）＞粗放
森林经营模式（23.86g/kg）＞调整育林法森林经营模式（23.75g/kg），4 种森林经营模式间
无显著差异；40 ～ 60cm 土层碳含量分别为无干扰森林经营模式（17.67g/kg）＞目标树森林
经营模式（16.05g/kg）＞调整育林法森林经营模式（14.13g/kg）＞粗放森林经营模式（11.22g/
kg），且无干扰森林经营模式极显著高于粗放森林经营模式、调整育林法森林经营模式，目
标树森林经营模式、调整育林法森林经营模式极显著高于粗放森林经营模式。

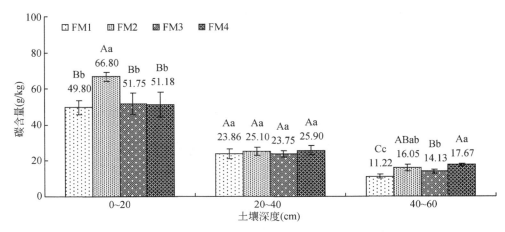

图 5-5　不同森林经营模式的土壤碳含量

图中不同大写字母表示差异显著（$p < 0.01$），不同小写字母表示差异显著（$p < 0.05$）

如图 5-6 所示，4 种森林经营模式各层次土壤碳储量随土层的加深而降低。0 ～ 20cm
土层碳储量分别为目标树森林经营模式（132.10t/hm²）＞粗放森林经营模式（105.27t/
hm²）＞无干扰森林经营模式（101.17t/hm²）＞调整育林法森林经营模式（95.76t/hm²），
且目标树森林经营模式极显著高于另外 3 种森林经营模式，粗放森林经营模式、调整育
林法森林经营模式、无干扰森林经营模式之间无显著差异；20 ～ 40cm 土层碳储量分别为粗
放森林经营模式（65.91t/hm²）＞无干扰森林经营模式（59.41t/hm²）＞调整育林法森林经
营模式（52.27t/hm²）＞目标树森林经营模式（51.71t/hm²），粗放森林经营模式极显著高
于目标树森林经营模式、调整育林法森林经营模式，目标树森林经营模式、调整育林法森
林经营模式、无干扰森林经营模式之间无显著差异；40 ～ 60cm 土层碳储量分别为目标树
森林经营模式（44.83t/hm²）＞无干扰森林经营模式（44.78t/hm²）＞调整育林法森林经营
模式（34.50t/hm²）＞粗放森林经营模式（29.38t/hm²），目标树森林经营模式、无干扰森
林经营模式极显著高于粗放森林经营模式、调整育林法森林经营模式，目标树森林经营模
式与无干扰森林经营模式之间没有显著差异，调整育林法森林经营模式显著高于粗放森林
经营模式。土壤总碳储量以目标树森林经营模式（228.64t/hm²）为最高，分别是粗放森林
经营模式（200.56t/hm²）、调整育林法森林经营模式（182.53t/hm²）和无干扰森林经营模

式（205.36t/hm²）的 1.1 倍、1.3 倍和 1.1 倍。

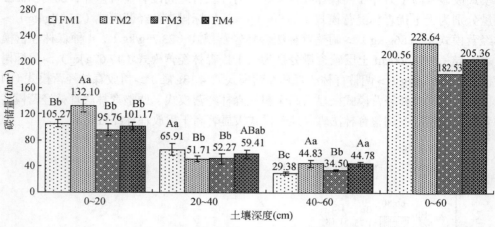

图 5-6　不同森林经营模式的土壤碳储量

图中不同大写字母表示差异显著（$p < 0.01$），不同小写字母表示差异显著（$p < 0.05$）

5.6　不同森林经营模式总碳储量

由表 5-1 可知，4 种森林经营模式总碳储量排序为目标树森林经营模式（344.02t/hm²）＞无干扰森林经营模式（294.75t/hm²）＞粗放森林经营模式（279.42t/hm²）＞调整育林法森林经营模式（264.51t/hm²），目标树森林经营模式分别高于无干扰森林经营模式、粗放森林经营模式、调整育林法森林经营模式的碳储量 16.7%、23.1% 和 30.1%，碳储量在森林各层次上的分配规律为土壤层（66.46% ~ 71.77%）＞乔木层（27.54% ~ 32.82%）＞凋落物层（0.39% ~ 0.53%）＞灌木层（0.16% ~ 0.44%）＞草本层（0.03% ~ 0.21%）。土壤层和乔木层之和分别占粗放森林经营模式、目标树森林经营模式、调整育林法森林经营模式、无干扰森林经营模式总碳储量的 99.31%、99.28%、99.29%、98.82%，土壤层碳储量是乔木层碳储量的 2.0 ~ 2.6 倍，凋落物层、灌木层和草本层碳储量所占总碳储量比例极小。

表 5-1　不同森林经营模式的总碳储量

层次	森林经营模式			
	FM1	FM2	FM3	FM4
乔木层	76.96(27.54%)	112.92(32.82%)	80.09(30.28%)	85.91(29.15%)
灌木层	0.49(0.17%)	0.54(0.16%)	0.46(0.17%)	1.30(0.44%)
草本层	0.10(0.04%)	0.59(0.17%)	0.09(0.03%)	0.62(0.21%)
凋落物层	1.32(0.47%)	1.33(0.39%)	1.34(0.51%)	1.56(0.53%)
土壤层	200.56(71.78%)	228.64(66.46%)	182.53(69.01%)	205.36(69.67%)
总计	279.43 (100%)	344.02 (100%)	264.51 (100%)	294.75 (100%)

5.7   结论与讨论

乔木层碳储量由森林蓄积量、生物量、碳含量等因素决定（He et al., 2013）。4 种森林经营模式乔木层的碳储量为目标树森林经营模式（112.92t/hm²）＞无干扰森林经营模式（85.91t/hm²）＞调整育林法森林经营模式（80.09 t/hm²）＞粗放森林经营模式（76.97t/hm²），这是由于将干扰树采伐后，为目标树提供了充足的生长空间、水分和养分，促进了林木生长，生物量和蓄积量都得到了快速增长（Larsen and Nielsen, 2007；陆元昌等，2010）。Abetz 和 Klädtke（2002）将目标树和粗放森林经营模式的乔木层生物量进行对比，也发现目标树森林经营模式使林木获得了更多的蓄积生长。粗放森林经营模式和调整育林法森林经营模式经过主伐后林分蓄积量迅速下降，因此，其乔木层碳储量小于目标树森林经营模式和无干扰森林经营模式。调整育林法森林经营模式采取的补植阔叶树经营措施促进了林分生产力的恢复，使其碳储量高于粗放森林经营模式。乔木层各器官的碳储量排序为树干＞树根＞树枝＞树叶，这与已有的在中国东北林区研究的树木各器官碳储量分配得出的规律相似（于颖等，2012）。

灌木层碳储量为无干扰森林经营模式（1.30t/hm²）极显著（$p < 0.01$）大于另外 3 种森林经营模式，是因为粗放森林经营模式严重干扰了生态系统的稳定性，影响了林下灌木的生长。为了给目标树和补植的珍贵阔叶树种留有更多生长空间，在森林经营过程中，目标树森林经营模式和调整育林法森林经营模式都采取了清理灌木的措施，因此，灌木层碳储量较小。草本层碳储量为目标树森林经营模式（0.59t/hm²）、无干扰森林经营模式（0.62t/hm²）极显著（$p < 0.01$）大于粗放森林经营模式（0.10t/hm²）、调整育林法森林经营模式（0.09t/hm²），是由于无干扰森林经营模式未经过任何干扰，草本生长旺盛，以及目标树森林经营模式立木密度低、林下光照条件好等因素共同作用促进了草本植物的生长（张象君等，2011；梁星云等，2013）。无干扰森林经营模式的凋落物碳储量最高（1.56t/hm²），与无干扰森林经营模式没有受到人为干扰、森林郁闭度较大、凋落物存量较高等因素有关。调整育林法森林经营模式的凋落物稍高于粗放森林经营模式和目标树森林经营模式，可能与调整育林法森林经营模式中补植了一定的阔叶树种有关，这也与 Zheng 等（2005）和 Lin 等（2015）的研究结果是一致的。

有机质是土壤碳库的主要组分，由凋落物和根际沉积的碳输入与土壤呼吸的输出之间的平衡决定（Jandl et al., 2007；Huang et al., 2014）。森林土壤的碳储量与森林经营的措施关系密切（Post and Kwon, 2000；Johnson and Curtis, 2001）。4 种森林经营模式的各层土壤碳含量和碳储量均随着土层的加深而降低，符合森林土壤碳分布格局的一般规律（Piene and Cleve, 1978）。4 种森林经营模式的土壤层总碳储量大小为目标树森林经营模式（228.64t/hm²）＞无干扰森林经营模式（205.36t/hm²）＞粗放森林经营模式（200.56t/hm²）＞调整育林法森林经营模式（182.54t/hm²），而这种差异的贡献主要来自土壤表层碳储量的差异。目标树森林经营模式（FM2）改善了林分结构，加快了有机物质的分解和转移速率，提高了立地土壤的碳储量，研究结果与 Piene 和 Cleve（1978）的研究结果一致。

Vargas 等（2009）通过研究植被分解对地上地下碳储量的影响也得到类似的结论。无干扰森林经营模式由于没有经过人为干扰，土壤结构保存完整，土壤碳储量较高。虽然粗放森林经营模式主要采取"砍大留小，砍好留坏"的主伐策略，但采伐过程中并未对林地造成破坏，而调整育林法森林经营模式虽然补植了乡土阔叶树种，在一定程度上有利于天然次生林的恢复（Mu et al., 2014），但补植过程对土壤结构造成了一定破坏，因此，调整育林法森林经营模式的土壤碳储量最小。

4 种森林经营模式的标准地总碳储量为目标树森林经营模式（344.02t/hm²）＞无干扰森林经营模式（294.75t/hm²）＞粗放森林经营模式（279.43t/hm²）＞调整育林法森林经营模式（264.51t/hm²），标准地总碳储量的空间分布表现为土壤层（66.46% ~ 71.77%）＞乔木层（27.54% ~ 32.82%）＞凋落物层（0.39% ~ 0.53%）＞灌木层（0.16% ~ 0.44%）＞草本层（0.04% ~ 0.21%）。可见，东北天然次生林生态系统的碳储量主要来自土壤层和乔木层（4种森林经营模式中，土壤层和乔木层的总碳储量之和均超过98%，而其他层次对东北天然次生林生态系统的碳储量贡献相对较小）。目标树森林经营模式的总碳储量比另外 3 种森林经营模式高 17% ~ 30%，较高的碳储量主要来源于较高的土壤碳储量和乔木层碳储量，说明目标树经营使目标树获得了更大的生长空间，提高了林木的生物量，增加了森林生态系统的碳储量（Bradshaw et al., 1994；蔡年辉等，2006；Larsen and Nielsen，2007；宁金魁等，2009），而另外 3 种森林经营模式之间的差异不如与目标树森林经营模式的差异显著，因此突出了目标树森林经营模式的固碳功能。无干扰森林经营模式、粗放森林经营模式和调整育林法森林经营模式的总碳储量差异也主要由土壤层碳储量差异决定，因此，在东北天然次生林经营过程中需要保护好土壤生态系统。

第6章 土壤理化性质影响

6.1 土壤物理性质

由表6-1可知，不同森林经营模式的土壤容重均表现为从0～60cm土层逐渐增加，范围为0.86～1.32g/cm³。在0～20cm土层，土壤容重最小，范围为0.86～1.04g/cm³，不同森林经营模式在该土层的土壤容重大小顺序为粗放森林经营模式（1.04g/cm³）>无干扰森林经营模式（0.93g/cm³）>调整育林法森林经营模式（0.87g/cm³）>目标树森林经营模式（0.86g/cm³），且粗放森林经营模式的土壤容重显著大于其他三种森林经营模式在该土层的土壤容重，其他三种森林经营模式之间无显著差异。在20～40cm土层，土壤容重的范围为1.09～1.27g/cm³，在该土层不同森林经营模式的土壤容重大小顺序为粗放森林经营模式（1.27g/cm³）>无干扰森林经营模式（1.10g/cm³）>目标树森林经营模式、调整育林法森林经营模式（1.09g/cm³），且粗放森林经营模式的土壤容重显著大于其他三种森林经营模式，其他三种森林经营模式在该土层的土壤容重之间无显著差异。在40～60cm土层，土壤容重最大，范围为1.24～1.32g/cm³，不同森林经营模式在该土层的土壤容重大小顺序为粗放森林经营模式（1.32g/cm³）>无干扰森林经营模式（1.30g/cm³）>目标树森林经营模式（1.29g/cm³）>调整育林法森林经营模式（1.24g/cm³），但四种森林经营模式在该土层的土壤容重之间无显著差异。

不同森林经营模式的土壤孔隙度均表现为从0～60cm土层逐渐减小的趋势，范围为50.23%～65.48%。在0～20cm土层，土壤孔隙度最大，范围为59.72%～65.48%，不同森林经营模式在该土层的土壤孔隙度大小顺序为目标树森林经营模式（65.48%）>调整育林法森林经营模式（65.42%）>无干扰森林经营模式（63.29%）>粗放森林经营模式（59.72%），且粗放森林经营模式的土壤孔隙度显著小于其他三种森林经营模式在该土层的土壤孔隙度，其他三种森林经营模式之间无显著差异。在20～40cm土层，土壤孔隙度的范围为51.88%～57.89%，在该土层不同森林经营模式的土壤容重大小顺序为调整育林法森林经营模式（57.89%）>无干扰森林经营模式（57.55%）>目标树森林经营模式（57.29%）>粗放森林经营模式（51.88%），且粗放森林经营模式的土壤孔隙度显著小于其他三种森林经营模式，其他三种森林经营模式在该土层的土壤孔隙度之间无显著差异。在40～60cm土层，土壤孔隙度最小，范围为50.23%～52.97%，不同森林经营模式在该土层的土壤孔隙度大小顺序为调整育林法森林经营模式（52.97%）>无干扰森林经营模式（51.12%）>粗放森林经营模式（50.52%）>目标树森林经营模式（50.23%），但四种森林经营模式在该土层的土壤孔隙度之间无显著差异。

不同森林经营模式的土壤含水率均表现为从0～60cm土层逐渐减小的趋势，范围为

22.44% ~ 58.73%。在 0 ~ 20cm 土层，土壤含水率最大，范围为 35.89% ~ 58.73%，不同森林经营模式在该土层的土壤含水率大小顺序为目标树森林经营模式（58.73%）＞无干扰森林经营模式（44.65%）＞调整育林法森林经营模式（42.85%）＞粗放森林经营模式（35.89%），且目标树森林经营模式的土壤含水率显著大于其他三种森林经营模式在该土层的土壤含水率，其他三种森林经营模式之间无显著差异。在 20 ~ 40cm 土层，土壤含水率的范围为 26.25% ~ 39.36%，在该土层不同森林经营模式的土壤含水率大小顺序为目标树森林经营模式（39.36%）＞无干扰森林经营模式（35.03%）＞调整育林法森林经营模式（28.68%）＞粗放森林经营模式（26.25%），且目标树森林经营模式、无干扰森林经营模式显著的土壤含水率显著大于粗放森林经营模式、调整育林法森林经营模式，前两者之间、后两者在该土层的土壤含水率之间均无显著差异。在 40 ~ 60cm 土层，土壤含水率最小，范围为 22.44% ~ 29.54%，不同森林经营模式在该土层的土壤孔隙度大小顺序为目标树森林经营模式（29.54%）＞无干扰森林经营模式（29.05%）＞粗放森林经营模式（24.49%）＞调整育林法森林经营模式（22.44%），且目标树森林经营模式、无干扰森林经营模式在该土层的土壤含水率显著大于粗放森林经营模式、调整育林法森林经营模式，前两者之间、后两者的土壤含水率之间均无显著差异。

表 6-1　不同森林经营模式林分的土壤物理性质

土壤性质	土壤深度 (cm)	森林经营模式			
		FM1	FM2	FM3	FM4
容重 (g/cm³)	0 ~ 20	1.04 ± 0.21a	0.86 ± 0.20b	0.87 ± 0.18b	0.93 ± 0.135b
	20 ~ 40	1.27 ± 0.201a	1.09 ± 0.15b	1.09 ± 0.14b	1.10 ± 0.13b
	40 ~ 60	1.32 ± 0.21a	1.29 ± 0.19a	1.24 ± 0.14a	1.30 ± 0.17a
	0 ~ 60	1.21 ± 0.17a	1.08 ± 0.14b	1.07 ± 0.11b	1.11 ± 0.08b
孔隙度 (%)	0 ~ 20	59.72 ± 6.96b	65.48 ± 6.76a	65.42 ± 5.96a	63.29 ± 4.45a
	20 ~ 40	51.88 ± 6.77b	57.29 ± 4.85a	57.89 ± 4.59a	57.55 ± 4.31a
	40 ~ 60	50.52 ± 6.86b	50.23 ± 6.46a	52.97 ± 4.70a	51.12 ± 5.51a
	0 ~ 60	54.04 ± 5.57a	57.67 ± 4.69b	58.76 ± 3.54b	57.32 ± 2.67b
含水率 (%)	0 ~ 20	35.89 ± 17.72b	58.73 ± 28.45a	42.85 ± 13.36b	44.65 ± 13.32b
	20 ~ 40	26.25 ± 10.53b	39.36 ± 12.04a	28.68 ± 8.41b	35.03 ± 4.63a
	40 ~ 60	24.94 ± 15.20b	29.54 ± 10.13a	22.44 ± 3.47b	29.05 ± 7.64a
	0 ~ 60	29.02 ± 11.44a	42.54 ± 13.78c	31.33 ± 6.85ab	36.24 ± 4.79b

* 土层深度 0 ~ 60cm 值为三个土层的平均值；同一行不同字母表示差异显著（$p < 0.05$）

0 ~ 60cm 土层深度的各指标数值为三个（0 ~ 20cm、20 ~ 40cm、40 ~ 60cm）土层该指标的平均值，由表 6-1 可知，在 0 ~ 60cm 土层深度，土壤容重平均值为粗放森林经营模式（1.21g/cm³）＞无干扰森林经营模式（1.11g/cm³）＞目标树森林经营模式（1.08g/

cm³）＞调整育林法森林经营模式（1.07g/cm³），粗放森林经营模式的土壤平均容重显著大于其他三种森林经营模式，其他三种森林经营模式在 0 ～ 60cm 土层的土壤平均容重之间差异不显著；土壤孔隙度平均值为调整育林法森林经营模式（58.76%）＞目标树森林经营模式（57.67%）＞无干扰森林经营模式（57.32%）＞粗放森林经营模式（54.04%），其中，粗放森林经营模式的土壤平均孔隙度显著低于另外三种森林经营模式，另外三种森林经营模式间无明显差异；土壤孔含水率的平均值为目标树森林经营模式（42.54%）＞无干扰森林经营模式（36.24%）＞调整育林法森林经营模式（31.33%）＞粗放森林经营模式（29.02%），其中，目标树森林经营模式的土壤平均含水率显著高于另外三种森林经营模式，无干扰森林经营模式显著高于粗放森林经营模式。

6.2　土壤化学性质

由表 6-2 可知，0 ～ 60cm 土壤 pH 为 3.84 ～ 4.59，根据我国土壤的酸碱度一般分级标准，4 种森林经营模式 0 ～ 60cm 深度土壤均呈强酸性（卢瑛等，2007），且各土层的土壤 pH 均表现为目标树森林经营模式＞粗放森林经营模式＞调整育林法森林经营模式＞无干扰森林经营模式。在 0 ～ 20cm 土层，目标树森林经营模式的土壤 pH 为 4.22，显著高于调整育林法森林经营模式、无干扰森林经营模式，与粗放森林经营模式的土壤 pH 差异不显著；粗放森林经营模式的土壤 pH 为 4.16，显著高于无干扰森林经营模式；调整育林法森林经营模式与无干扰森林经营模式的土壤 pH 之间差异不显著。在 20 ～ 40cm 土层，目标树森林经营模式的土壤 pH 为 4.38，显著高于其他三种森林经营模式在该层的土壤 pH。在 40 ～ 60cm 土层，目标树森林经营模式的土壤 pH 显著高于调整育林法森林经营模式、无干扰森林经营模式，与粗放森林经营模式的差异不显著；粗放森林经营模式、调整育林法森林经营模式、无干扰森林经营模式在该土层的土壤 pH 差异不显著。

不同森林经营模式的土壤有机质均表现为从 0 ～ 60cm 土层逐渐减少的趋势，范围为 19.34 ～ 115.16g/kg。在 0 ～ 20cm 土层，土壤有机质含量最高，为 85.85 ～ 115.16g/kg，不同森林经营模式在该土层的土壤有机质含量为目标树森林经营模式（115.16g/kg）＞调整育林法森林经营模式（89.22g/kg）＞无干扰森林经营模式（88.23g/kg）＞粗放森林经营模式（85.85g/kg），且目标树森林经营模式的土壤有机质含量显著高于其他三种森林经营模式在该土层的土壤有机质含量，其他三种森林经营模式之间无显著差异。在 20 ～ 40cm 土层，土壤有机质含量的范围为 40.94 ～ 44.65g/kg，在该土层不同森林经营模式的土壤有机质大小顺序为无干扰森林经营模式（44.65g/kg）＞目标树森林经营模式（43.27g/kg）＞粗放森林经营模式（41.13g/kg）＞调整育林法森林经营模式（40.94g/kg），但四种森林经营模式之间无显著差异。在 40 ～ 60cm 土层，土壤有机质含量最低，土壤有机质含量的范围为 19.34 ～ 30.48g/kg，在该土层不同森林经营模式的土壤有机质大小顺序为无干扰森林经营模式（30.48g/kg）＞目标树森林经营模式（27.67g/kg）＞调整育林法森林经营模式（24.36g/kg）＞粗放森林经营模式（19.34g/kg），且粗放森林经营模式的土壤有机质含量显著低于其他三种森林经营模式。

土壤全氮、全磷、全钾质量分数取决于土壤的成土母岩类型和植物体的养分循环过程，同时也受施肥措施等的影响（侯芸芸等，2012）。四种森林经营模式在 0 ~ 60cm 深度土壤全氮表现出逐渐减小的趋势，全氮质量分数范围为 0.82 ~ 2.71g/kg，0 ~ 20cm 土层，四种森林经营模式的土壤全氮无显著差异；在 20 ~ 40cm 土层，目标树森林经营模式的土壤全氮含量最高，达到 1.88g/kg，显著高于粗放森林经营模式和无干扰森林经营模式，与调整育林法森林经营模式无显著差异；40 ~ 60cm 土层的土壤全氮含量以调整育林法森林经营模式最高，达到 1.19g/kg，显著高于粗放森林经营模式，与目标树森林经营模式、无干扰森林经营模式之间无显著差异。与全氮的总体变化趋势相同，四种森林经营模式的土壤全磷在 0 ~ 60cm 土层范围内也随深度的增加不断减小，全磷质量分数在 0.50 ~ 1.57g/kg，三个土层的全磷质量分数均以目标树森林经营模式最高，无干扰森林经营模式最低，且粗放森林经营模式、目标树森林经营模式、调整育林法森林经营模式均显著大于无干扰森林经营模式，而粗放森林经营模式、目标树森林经营模式、调整育林法森林经营模式之间没有显著差异。四种森林经营模式在 0 ~ 60cm 深度土层的土壤全钾质量分数在 38.38 ~ 45.86g/kg，在垂直方向上没有明显的变化规律，土壤各层全钾含量均以目标树森林经营模式为最高，并在所有土层与调整育林法森林经营模式、无干扰森林经营模式之间达到显著差异，在 20 ~ 40cm 土层与粗放森林经营模式差异显著（$p < 0.05$）；0 ~ 20cm 土层全钾含量粗放森林经营模式显著高于调整育林法森林经营模式和无干扰森林经营模式，其余层次三种森林经营模式之间无显著差异。

土壤速效养分作为植物生活所必需的且易被吸收和利用的养分，虽然在土壤所提供的所有养分中只占很少的比例，但却是反映土壤养分供应能力的极其重要的指标（侯芸芸等，2012）。在垂直方向上，四种森林经营模式的土壤水解性氮、速效磷、速效钾大体上均有随土层深度的增加逐渐减小的趋势。各层土壤水解性氮含量均为目标树森林经营模式＞无干扰森林经营模式＞调整育林法森林经营模式＞粗放森林经营模式，且在 0 ~ 20cm 土层目标树森林经营模式的土壤水解性氮质量分数显著高于另外三种森林经营模式；在 20 ~ 40cm 土层，各森林经营模式的土壤水解性氮质量分数之间无显著差异；在 40 ~ 60cm 土层，目标树森林经营模式的土壤水解性氮质量分数显著高于调整育林法森林经营模式和粗放森林经营模式，与无干扰森林经营模式无明显差异；不同土层水解性氮含量粗放森林经营模式、调整育林法森林经营模式、无干扰森林经营模式之间均无显著差异。各土层速效磷含量均以调整育林法森林经营模式为最高，在 0 ~ 20cm 土层调整育林法森林经营模式的土壤速效磷质量分数显著大于无干扰森林经营模式，与粗放森林经营模式、目标树森林经营模式无显著差异，在其余土层均与另外三种森林经营模式的差异达到显著性水平；目标树森林经营模式各土层速效磷含量与粗放森林经营模式、无干扰森林经营模式均无显著差异；粗放森林经营模式在 20 ~ 40cm、40 ~ 60cm 土层速效磷含量显著高于无干扰森林经营模式。各土层速效钾质量分数均以调整育林法森林经营模式最低，均显著低于目标树森林经营模式、无干扰森林经营模式，与粗放森林经营模式之间无显著差异；目标树森林经营模式和无干扰森林经营模式的各层土壤速效钾质量分数无显著差异。

表 6-2　不同森林经营模式林分的土壤化学性质

土壤性质	土壤深度 (cm)	森林经营模式			
		FM1	FM2	FM3	FM4
pH	0 ~ 20	4.16 ± 0.26ab	4.22 ± 0.33a	3.95 ± 0.12bc	3.89 ± 0.14c
	20 ~ 40	4.07 ± 0.34b	4.38 ± 0.40a	4.04 ± 0.13b	3.84 ± 0.22b
	40 ~ 60	4.38 ± 0.41ab	4.59 ± 0.36a	4.21 ± 0.26b	4.20 ± 0.31b
	0 ~ 60	4.20 ± 0.33ab	4.40 ± 0.27a	4.07 ± 0.14bc	3.98 ± 0.19c
有机质 (g/kg)	0 ~ 20	85.85 ± 3.89a	115.16 ± 2.63b	89.22 ± 5.94a	88.23 ± 6.87a
	20 ~ 40	41.13 ± 2.87a	43.27 ± 2.33a	40.94 ± 1.74a	44.65 ± 2.37a
	40 ~ 60	19.34 ± 1.14a	27.67 ± 2.05bc	24.36 ± 1.09b	30.48 ± 0.80c
	0 ~ 60	48.77 ± 2.63b	62.03 ± 7.01a	51.51 ± 2.92b	54.45 ± 3.35b
全氮 (g/kg)	0 ~ 20	2.55 ± 0.43a	2.61 ± 0.19a	2.60 ± 0.62a	2.71 ± 0.54a
	20 ~ 40	1.29 ± 0.73b	1.88 ± 0.38a	1.67 ± 0.41ab	1.32 ± 0.30b
	40 ~ 60	0.82 ± 0.32b	1.01 ± 0.32ab	1.19 ± 0.50a	0.98 ± 0.10ab
	0 ~ 60	1.55 ± 0.45a	1.83 ± 0.23a	1.82 ± 0.42a	1.67 ± 0.19a
全磷 (g/kg)	0 ~ 20	1.43 ± 0.54a	1.57 ± 0.54a	1.39 ± 0.34a	0.96 ± 0.27b
	20 ~ 40	0.97 ± 0.23a	1.08 ± 0.19a	0.96 ± 0.46a	0.57 ± 0.23b
	40 ~ 60	0.75 ± 0.21a	0.88 ± 0.21a	0.82 ± 0.39a	0.50 ± 0.16b
	0 ~ 60	1.06 ± 0.29a	1.18 ± 0.27a	1.06 ± 0.36a	0.68 ± 0.14b
全钾 (g/kg)	0 ~ 20	41.62 ± 0.26ab	42.23 ± 0.33a	39.53 ± 0.12bc	38.91 ± 0.14c
	20 ~ 40	40.71 ± 0.34b	43.81 ± 0.40a	40.39 ± 0.13b	38.38 ± 0.22b
	40 ~ 60	43.78 ± 0.41ab	45.86 ± 0.36a	42.07 ± 0.25b	42.00 ± 0.31b
	0 ~ 60	42.04 ± 0.33ab	44.00 ± 0.27a	40.66 ± 0.13bc	39.76 ± 0.19c
水解性氮 (mg/kg)	0 ~ 20	318.02 ± 77.86b	456.33 ± 95.63a	344.19 ± 77.07b	360.46 ± 93.84b
	20 ~ 40	208.85 ± 54.91a	240.11 ± 54.73a	219.16 ± 76.69a	229.56 ± 55.76a
	40 ~ 60	148.14 ± 41.22b	201.04 ± 61.98a	152.98 ± 36.38b	186.08 ± 46.04ab
	0 ~ 60	225.00 ± 41.33a	299.16 ± 50.46b	238.78 ± 58.79a	258.70 ± 49.22ab
速效磷 (mg/kg)	0 ~ 20	4.19 ± 2.57ab	4.79 ± 2.46ab	5.83 ± 1.41a	2.74 ± 1.51b
	20 ~ 40	2.66 ± 1.69b	2.42 ± 0.94bc	5.17 ± 1.24a	1.40 ± 0.67c
	40 ~ 60	2.68 ± 1.15b	2.23 ± 0.87bc	5.02 ± 1.02a	1.41 ± 0.81c
	0 ~ 60	3.17 ± 1.70a	3.15 ± 1.12a	5.34 ± 0.88b	1.85 ± 0.87c
速效钾 (mg/kg)	0 ~ 20	310.95 ± 47.41ab	323.35 ± 67.37a	257.41 ± 70.77b	326.73 ± 58.19a
	20 ~ 40	245.86 ± 54.52ab	273.77 ± 27.41a	207.35 ± 39.14b	283.39 ± 62.84a
	40 ~ 60	227.71 ± 51.93ab	235.11 ± 46.32a	184.02 ± 44.04b	261.85 ± 65.72a
	0 ~ 60	261.51 ± 54.28a	277.41 ± 31.40a	216.26 ± 42.73b	290.66 ± 39.68a

* 土层深度 0 ~ 60cm 值为三个土层的平均值；同一行不同字母表示差异显著（ $p < 0.05$ ）

73

由表 6-2 可知，在 0 ~ 60cm 土层深度，土壤 pH 平均值为目标树森林经营模式（4.40）＞粗放森林经营模式（4.20）＞调整育林法森林经营模式（4.07）＞无干扰森林经营模式（3.98），目标树森林经营模式的土壤 pH 平均值显著高于调整育林法森林经营模式、无干扰森林经营模式，与粗放森林经营模式无明显差异；土壤有机质质量分数平均值为目标树森林经营模式（62.03g/kg）＞无干扰森林经营模式（54.45g/kg）＞调整育林法森林经营模式（51.51g/kg）＞粗放森林经营模式（48.77g/kg），其中，目标树森林经营模式的土壤平均有机质含量显著高于另外三种森林经营模式，另外三种森林经营模式间无明显差异；土壤全氮质量分数平均值为目标树森林经营模式（1.83g/kg）＞调整育林法森林经营模式（1.82g/kg）＞无干扰森林经营模式（1.67g/kg）＞粗放森林经营模式（1.55g/kg），但四种森林经营模式间均无显著差异；土壤全磷质量分数平均值为目标树森林经营模式（1.18g/kg）＞粗放森林经营模式（1.06g/kg）、调整育林法森林经营模式（1.06g/kg）＞无干扰森林经营模式（0.68g/kg），其中，无干扰森林经营模式的土壤平均全磷含量显著低于另外三种森林经营模式，另外三种森林经营模式间无明显差异；土壤全钾质量分数平均值为目标树森林经营模式（44.00g/kg）＞粗放森林经营模式（42.04g/kg）＞调整育林法森林经营模式（40.66g/kg）＞无干扰森林经营模式（39.76g/kg），其中，目标树森林经营模式的土壤平均全钾含量显著高于调整育林法森林经营模式、无干扰森林经营模式，与粗放森林经营模式之间无明显差异；土壤水解性氮质量分数平均值为目标树森林经营模式（299.16mg/kg）＞无干扰森林经营模式（258.70mg/kg）＞调整育林法森林经营模式（238.78mg/kg）＞粗放森林经营模式（225.00mg/kg），其中，目标树森林经营模式的土壤平均水解性氮含量显著高于调整育林法森林经营模式、粗放森林经营模式，与无干扰森林经营模式之间无明显差异；土壤速效磷质量分数平均值为调整育林法森林经营模式（5.34mg/kg）＞粗放森林经营模式（3.17mg/kg）＞目标树森林经营模式（3.15mg/kg）＞无干扰森林经营模式（1.85mg/kg），其中，调整育林法森林经营模式的土壤平均速效磷含量显著高于另外三种森林经营模式；土壤速效钾质量分数平均值为无干扰森林经营模式（290.66mg/kg）＞目标树森林经营模式（277.41mg/kg）＞粗放森林经营模式（261.51mg/kg）＞调整育林法森林经营模式（216.26mg/kg），其中，调整育林法森林经营模式的土壤平均速效钾含量显著低于另外三种森林经营模式，另外三种森林经营模式间无明显差异。

6.3　土壤有机质与各理化性质的相关性

由表 6-3 可以看出，土壤有机质与土壤容重呈显著负相关，相关系数为 –0.334；与之相反，土壤有机质与土壤孔隙度呈极显著正相关，相关系数为 0.496，与土壤含水率呈显著正相关，相关系数为 0.330。

土壤有机质与土壤全氮质量分数呈极显著正相关关系，相关系数为 0.534；土壤有机质与土壤全磷质量分数呈显著正相关关系，相关系数为 0.352；土壤有机质与土壤全钾呈负相关关系，但相关性不显著；土壤有机质与土壤水解性氮质量分数呈极显著正相关关系，相关系数为 0.520；土壤有机质与土壤速效磷质量分数呈正相关关系，但相关性不显著；

土壤有机质与土壤速效钾质量分数呈极显著正相关关系，相关系数为 0.581。

表 6-3　土壤有机质与各土壤理化性质之间的 Pearson 相关系数

CC	OM	BD	PS	WC	TN	TP	TK	HN	AP	AK
OM	1	−0.334*	0.496**	0.330*	0.534**	0.352*	−0.130	0.520**	0.048	0.581**
BD		1	−0.800**	−1.000**	−0.525**	−0.274	0.136	−0.604**	−0.337*	−0.310
PS			1	0.802**	0.394*	0.280	−0.303	0.686**	−0.020	0.457**
WC				1	0.524**	0.271	−0.140	0.604**	0.331*	0.310
TN					1	0.582**	−0.106	0.563**	0.401*	0.349*
TP						1	−0.280	0.416**	0.426**	0.263
TK							1	−0.178	0.330*	−0.304
HN								1	−0.014	0.520**
AP									1	0.254
AK										1

注：CC 为相关系数；OM 为有机质；BD 为容重；PS 为孔隙度；WC 为含水率；TN 为全氮；TP 为全磷；TK 为全钾；HN 为水解性氮；AP 为速效磷；AK 为速效钾

* 表示显著性水平为 0.05，** 表示显著性水平为 0.01

6.4　结论与讨论

粗放森林经营模式的土壤容重显著（$p < 0.05$）大于另外三种森林经营模式，孔隙度显著（$p < 0.05$）低于另外三种森林经营模式，说明粗放森林经营模式不利于土壤物理性质的改善。而目标树森林经营模式的土壤容重和孔隙度与调整育林法森林经营模式、无干扰森林经营模式无显著差异（$p < 0.05$），且含水率在很大程度上高于另外三种森林经营模式，因此，目标树森林经营模式有利于土壤物理性质的改善。Wang 和 Fan（2012）的研究表明，森林经营越接近自然动态，就越有利于东北森林土壤性质的改善。目标树森林经营模式作为近自然经营的一种手段，比粗放森林经营模式更有利于土壤物理性质的改善，这与杨会侠等（2013）的研究结果一致，这可能是由于目标树森林经营模式促进了林下植物的生长（张象君等，2011；梁星云等，2013），林下灌草的根系的穿插疏松作用对土壤物理性质的改善起到了重要的作用。

从土壤化学性质来看，目标树森林经营模式降低了土壤的酸度。土壤全氮和速效钾含量以目标树森林经营模式较高，而粗放森林经营模式较低。土壤全磷和速效磷含量以无干扰森林经营模式最低。土壤全钾和水解性氮含量以目标树森林经营模式为最高，而调整育林法森林经营模式较低。这进一步说明了目标树森林经营模式能够更好地改善土壤化学性质。土壤化学性质与生态系统的生物地球化学循环密切相关，土壤养分输入主要来源于化肥、残落物的归还、大气干湿沉降和生物固定等生物及非生物过程（Smaling et al.，1993；Cuevas and Lugo，1998；Wang et al.，2008）。土壤养分输出主要是来源于林木砍伐、雨水冲淋、微生物反硝化作用、土壤侵蚀等过程（Smaling et al.，1993）。对比四种森林经营模式可发现，研究区标准地中并没有施用化肥，因此推测可能是目标树森林经营模式对灌草的清理增加了残落物量，从而增加了土壤的养分输入，使得土壤营养元素的含量较另外三种森林经营模式要高。另外，研究表明，不同的物种组成产生的凋落物量是不一样的，不同物种组成对微生物组成的影响也不一样（Sundarapandian and Swamy，1999；Kelty，2006）。因此，不同的森林经营模式导致的物种组成差异也可能是造成土壤化学性质差异的原因。

土壤有机碳库的变化可以影响土壤向大气排放碳的量，因此，土壤有机碳库与全球气候变化密切相关，是近年来全球变化和陆地生态系统碳循环研究中的热点问题（Lal，2004；Smith，2004；Trumbore，2006）。土壤有机质对土壤质量有较大的影响（苏永中和赵哈林，2002），而不同的土地利用方式又可以显著影响土壤有机质（黑龙江省土地管理局和黑龙江省土壤普查办公室，1992；吉林省土壤肥料总站，1992；符淙斌和温刚，2002）。在本研究区范围内，土壤有机质质量分数与土壤容重表现出显著的负相关性，这主要是由于有机质含量的增加会增强土壤的结构性，从而使土体疏松，容重减小（新疆维吾尔自治区农业厅，新疆维吾尔自治区土壤普查办公室，1996）。李丹等（2012）研究小兴安岭南坡的丰林国家级自然保护区内有机碳与土壤容重相关性也得到类似的结果。一般而言，土壤有机质增加，营养元素含量也会随之增加，土壤肥力相应提高（房飞等，2013）。除土壤全钾以外，本研究研究范围内的土壤有机质与其余土壤营养成分均表现出正相关关系，这与徐薇薇和乔木（2014）研究土壤有机碳含量与土壤理化性质相关性分析的结果一致。张勇等（2013）在研究黑河上游的冰沟流域不同林地土壤有机碳含量的变化规律时也发现，土壤有机碳含量与土壤全氮、全磷量呈正相关关系。祖元刚等（2011）综合已经发表的有关我国东北土壤理化性质的数据发现，土壤孔隙度、土壤氮（全氮和水解性氮）、土壤磷（全磷和速效磷）、土壤速效钾与土壤有机碳呈正相关关系，土壤容重与土壤有机质呈负相关关系，而与全钾的相关性关系不明显，本研究研究结果与其统计分析结果完全一致。

第7章　土壤酶活性影响

7.1　土壤酶活性的差异

四种森林经营模式下东北天然次生林土壤的蔗糖酶、脲酶、蛋白酶、酸性磷酸酶和过氧化氢酶活性在土壤深度上存在显著差异（表7-1），0～20cm土层的5种土壤酶活性均显著高于20～40cm土层（$p<0.05$）。

不同森林经营模式对东北天然次生林土壤酶活性具有显著影响。在0～20cm土层，粗放森林经营模式林分的土壤蔗糖酶活性最高，为27.40mg/(g·24h)，且显著高于其他三种森林经营模式（$p<0.05$）；目标树森林经营模式、调整育林法森林经营模式、无干扰森林经营模式林分土壤蔗糖酶活性分别为22.03mg/(g·24h)、22.37mg/(g·24h)、19.68mg/(g·24h)，但三者之间差异不显著（$p>0.05$）。在20～40cm土层，无干扰森林经营模式林分土壤蔗糖酶活性最低，为3.71mg/(g·24h)，且显著低于粗放森林经营模式、目标树森林经营模式、调整育林法森林经营模式（$p<0.05$）；而粗放森林经营模式、目标树森林经营模式、调整育林法森林经营模式林分之间土壤蔗糖酶活性不存在显著差异（$p>0.05$），分别为8.96mg/(g·24h)、8.83mg/(g·24h)、8.15mg/(g·24h)。

在0～20cm土层，粗放森林经营模式林分的土壤脲酶活性最高，为0.65mg/(g·24h)，且显著高于其他三种森林经营模式（$p<0.05$）；而目标树森林经营模式、调整育林法森林经营模式、无干扰森林经营模式林分之间土壤脲酶活性差异不显著（$p>0.05$），分别为0.50mg/(g·24h)、0.49mg/(g·24h)、0.42mg/(g·24h)。在20～40cm土层，四种森林经营模式林分土壤脲酶活性分别为0.36mg/(g·24h)、0.30mg/(g·24h)、0.20mg/(g·24h)、0.15mg/(g·24h)，其中，粗放森林经营模式林分土壤脲酶活性显著高于调整育林法森林经营模式和无干扰森林经营模式（$p<0.05$），但与目标树森林经营模式之间无显著差异（$p>0.05$）；目标树森林经营模式显著高于无干扰森林经营模式（$p<0.05$），但与调整育林法森林经营模式之间差异不显著（$p>0.05$）；而调整育林法森林经营模式与无干扰森林经营模式之间则无显著差异（$p>0.05$）。

在0～20cm土层，四种森林经营模式下东北天然次生林土壤蛋白酶活性也是粗放森林经营模式最高，且显著高于目标树森林经营模式、调整育林法森林经营模式、无干扰森林经营模式（$p<0.05$），分别为0.26mg/(g·24h)、0.19mg/(g·24h)、0.17mg/(g·24h)、0.16mg/(g·24h)；而目标树森林经营模式、调整育林法森林经营模式、无干扰森林经营模式林分之间土壤蛋白酶活性也不存在显著差异（$p>0.05$）。在20～40cm土层，粗放森林经营模式、目标树森林经营模式、调整育林法森林经营模式、无干扰森林经营模式林分土壤蛋白酶活性均较小，分别为0.13mg/(g·24h)、0.08mg/(g·24h)、0.07mg/(g·24h)、0.06mg/(g·24h)，四种森林经营模式之间的差异与其在 0 ～ 20cm 土层中的差异相同。

四种森林经营模式下东北天然次生林土壤酸性磷酸酶活性，在 0 ～ 20cm 土层中分别为 17.18mg/(g·24h)（粗放森林经营模式）、8.26mg/(g·24h)（目标树森林经营模式）、8.43mg/(g·24h)（调整育林法森林经营模式）、7.88mg/(g·24h)（无干扰森林经营模式），其中，粗放森林经营模式土壤酸性磷酸酶活性最高，且显著高于其他三种森林经营模式（$p<0.05$）；而目标树森林经营模式、调整育林法森林经营模式、无干扰森林经营模式林分之间土壤酸性磷酸酶活性不存在显著差异（$p>0.05$）。在 20 ～ 40cm 土层，粗放森林经营模式林分土壤酸性磷酸酶活性为 6.07mg/(g·24h)，显著高于目标树森林经营模式、调整育林法森林经营模式、无干扰森林经营模式（$p<0.05$）；目标树森林经营模式、调整育林法森林经营模式、无干扰森林经营模式林分土壤酸性磷酸酶活性分别为 3.85mg/(g·24h)、3.93mg/(g·24h)、3.30mg/(g·24h)，且三者之间差异不显著（$p>0.05$）。

表 7-1　四种森林经营模式林分土壤酶活性差异

土壤酶	土壤深度 (cm)	森林经营模式			
		FM1	FM2	FM3	FM4
蔗糖酶 mg/(g·24h)	0 ～ 20cm	27.40 ± 2.29aA	22.03 ± 3.95bA	22.37 ± 3.12bA	19.68 ± 4.65bA
	20 ～ 40cm	8.96 ± 1.16aB	8.83 ± 1.38aB	8.15 ± 1.49aB	3.71 ± 1.04bB
脲酶 mg/(g·24h)	0 ～ 20cm	0.65 ± 0.12aA	0.50 ± 0.14bA	0.49 ± 0.12bA	0.42 ± 0.13bA
	20 ～ 40cm	0.36 ± 0.13aB	0.30 ± 0.14abB	0.20 ± 0.07bcB	0.15 ± 0.07cB
蛋白酶 mg/(g·24h)	0 ～ 20cm	0.26 ± 0.05aA	0.19 ± 0.02bA	0.17 ± 0.03bA	0.16 ± 0.02bA
	20 ～ 40cm	0.13 ± 0.03aB	0.08 ± 0.03bB	0.07 ± 0.02bB	0.06 ± 0.03bB
酸性磷酸酶 mg/(g·h)	0 ～ 20cm	17.18 ± 2.46aA	8.26 ± 2.08bA	8.43 ± 1.61bA	7.88 ± 1.56bA
	20 ～ 40cm	6.07 ± 1.78aB	3.85 ± 1.06bB	3.93 ± 1.19bB	3.30 ± 0.48bB
过氧化氢酶 mL/(g·20min)	0 ～ 20cm	2.55 ± 0.36aA	1.74 ± 0.27bA	1.63 ± 0.24bA	1.54 ± 0.46bA
	20 ～ 40cm	1.02 ± 0.21aB	0.67 ± 0.16bB	0.91 ± 0.26aB	0.62 ± 0.20bB

在 0 ～ 20cm 土层，四种森林经营模式林分土壤过氧化氢酶活性分别为 2.55mL/(g·20min)、1.74mL/(g·20min)、1.63mL/(g·20min)、1.54mL/(g·20min)，他们之间的差异与其他四种酶的差异相一致，均是粗放森林经营模式显著高于目标树森林经营模式、调整育林法森林经营模式、无干扰森林经营模式（$p<0.05$），而目标树森林经营模式、调整育林法森林经营模式和无干扰森林经营模式之间则无显著差异（$p>0.05$）。在 20 ～ 40cm 土层，粗放森林经营模式和调整育林法森林经营模式林分土壤过氧化氢酶活性较高，分别为 1.02mL/(g·20min)、0.91mL/(g·20min)，且显著高于目标树森林经营模式（0.67mL/(g·20min)）和无干扰森林经营模式（0.62mL/(g·20min)）（$p<0.05$），而粗放森林经营模式与调整育林法森林经营模式之间及目标树森林经营模式与无干扰森林经营模式之间均

不存在显著差异（$p<0.05$）。

7.2　土壤化学性质与土壤酶活性的关系

　　通径分析结果表明（表 7-2），四种森林经营模式下东北天然次生林土壤蔗糖酶活性与土壤有机碳、全氮、全磷、碱解氮、速效磷含量呈极显著正相关（$p<0.01$）；而土壤酸碱度、全钾、速效钾与蔗糖酶活性相关性不显著（$p>0.05$），应该不是影响土壤蔗糖酶活性的主要因子。与土壤蔗糖酶活性显著相关的五种土壤化学性质中，土壤有机碳对蔗糖酶活性的直接通径系数最大（0.597）；其后直接通径系数从大到小依次是全氮（0.219）、速效磷（0.176）、碱解氮（0.158）、全磷（0.138）。且全氮、速效磷、碱解氮、全磷这四种土壤化学性质通过土壤有机碳对蔗糖酶活性的间接通径系数均较大，分别为 0.468、0.203、0.452、0.286；甚至与土壤蔗糖酶活性相关性不显著的土壤酸碱度和全钾，也通过土壤有机碳对蔗糖酶活性产生较大间接作用，间接通径系数分别为 -0.268、0.130。这意味着土壤有机碳是影响四种森林经营模式下东北天然次生林土壤蔗糖酶活性的主要因子。

表 7-2　土壤化学性质对土壤酶活性的通径系数

因变量	自变量	酸碱度 pH	有机碳 SOC	全氮 TN	全磷 TP	全钾 TK	碱解氮 AN	速效磷 AP	速效钾 AK	总和
蔗糖酶	土壤酸碱度 pH	<u>-0.268</u>	0.264	0.102	0.037	-0.014	0.058	0.062	-0.049	0.193
	土壤有机碳 SOC	-0.118	<u>0.597</u>	0.172	0.066	-0.042	0.120	0.060	-0.118	0.736[**]
	全氮 TN	-0.125	0.468	<u>0.219</u>	0.072	-0.032	0.107	0.080	-0.108	0.682[**]
	全磷 TP	-0.073	0.286	0.115	<u>0.138</u>	-0.034	0.077	0.060	-0.058	0.512[**]
	全钾 TK	0.029	-0.192	-0.054	-0.036	<u>0.130</u>	-0.051	0.031	0.068	-0.076
	碱解氮 AN	-0.099	0.452	0.149	0.067	-0.042	<u>0.158</u>	0.052	-0.102	0.636[**]
	速效磷 AP	-0.095	0.203	0.100	0.047	0.023	0.046	<u>0.176</u>	0.003	0.503[**]
	速效钾 AK	-0.066	0.351	0.118	0.040	-0.044	0.080	-0.002	<u>-0.200</u>	0.277
脲酶	土壤酸碱度 pH	<u>0.209</u>	0.198	0.185	0.032	0.016	-0.024	-0.020	-0.032	0.562[**]
	土壤有机碳 SOC	0.092	<u>0.447</u>	0.311	0.056	0.046	-0.050	-0.019	-0.077	0.807[**]
	全氮 TN	0.097	0.351	<u>0.396</u>	0.062	0.036	-0.045	-0.025	-0.070	0.801[**]
	全磷 TP	0.057	0.215	0.207	<u>0.118</u>	0.037	-0.032	-0.019	-0.038	0.545[**]
	全钾 TK	-0.023	-0.144	-0.098	-0.030	<u>-0.144</u>	0.021	-0.010	0.044	-0.384[*]
	碱解氮 AN	0.077	0.339	0.269	0.057	0.047	<u>-0.066</u>	-0.016	-0.066	0.641[**]
	速效磷 AP	0.074	0.152	0.181	0.040	-0.025	-0.019	<u>-0.056</u>	0.002	0.349
	速效钾 AK	0.052	0.263	0.213	0.034	0.049	-0.033	0.001	<u>-0.130</u>	0.448[*]

续表

因变量	自变量	酸碱度 pH	有机碳 SOC	全氮 TN	全磷 TP	全钾 TK	碱解氮 AN	速效磷 AP	速效钾 AK	总和
蛋白酶	土壤酸碱度 pH	<u>0.283</u>	0.179	0.162	0.039	0.011	−0.048	−0.046	0.048	0.627**
	土壤有机碳 SOC	0.125	<u>0.405</u>	0.272	0.069	0.032	−0.099	−0.044	0.114	0.873**
	全氮 TN	0.132	0.318	<u>0.346</u>	0.075	0.024	−0.088	−0.059	0.104	0.852**
	全磷 TP	0.077	0.195	0.182	<u>0.144</u>	0.026	−0.064	−0.044	0.056	0.571**
	全钾 TK	−0.031	−0.131	−0.086	−0.037	<u>−0.098</u>	0.042	−0.023	−0.066	−0.429*
	碱解氮 AN	0.104	0.307	0.235	0.070	0.032	<u>−0.130</u>	−0.038	0.098	0.678**
	速效磷 AP	0.101	0.138	0.158	0.049	−0.017	−0.038	<u>−0.129</u>	−0.003	0.258
	速效钾 AK	0.070	0.239	0.186	0.042	0.033	−0.066	0.002	<u>0.193</u>	0.699**
酸性磷酸酶	土壤酸碱度 pH	<u>0.179</u>	0.288	0.096	0.102	0.001	−0.083	−0.030	0.000	0.552**
	土壤有机碳 SOC	0.079	<u>0.651</u>	0.161	0.181	0.002	−0.170	−0.029	−0.001	0.874**
	全氮 TN	0.084	0.511	<u>0.205</u>	0.198	0.002	−0.153	−0.039	−0.001	0.807**
	全磷 TP	0.049	0.312	0.108	<u>0.377</u>	0.002	−0.110	−0.029	−0.001	0.708**
	全钾 TK	−0.019	−0.210	−0.051	−0.098	<u>−0.007</u>	0.073	−0.015	0.001	−0.326
	碱解氮 AN	0.066	0.494	0.139	0.184	0.002	<u>−0.225</u>	−0.025	−0.001	0.635**
	速效磷 AP	0.064	0.222	0.094	0.129	−0.001	−0.066	<u>−0.085</u>	0.000	0.356
	速效钾 AK	0.044	0.383	0.110	0.110	0.002	−0.114	0.001	<u>−0.002</u>	0.536**
过氧化氢酶	土壤酸碱度 pH	<u>0.145</u>	0.244	0.096	0.058	−0.012	−0.027	−0.029	−0.018	0.457*
	土壤有机碳 SOC	0.064	<u>0.551</u>	0.162	0.102	−0.037	−0.055	−0.027	−0.043	0.717**
	全氮 TN	0.068	0.432	<u>0.206</u>	0.111	−0.028	−0.050	−0.037	−0.039	0.664**
	全磷 TP	0.039	0.265	0.108	<u>0.213</u>	−0.030	−0.036	−0.028	−0.021	0.511**
	全钾 TK	−0.016	−0.178	−0.051	−0.055	<u>0.114</u>	0.024	−0.014	0.025	−0.151
	碱解氮 AN	0.054	0.418	0.140	0.104	−0.037	<u>−0.073</u>	−0.024	−0.037	0.545**
	速效磷 AP	0.052	0.188	0.094	0.073	0.020	−0.021	<u>−0.080</u>	0.001	0.326
	速效钾 AK	0.036	0.325	0.111	0.062	−0.039	−0.037	0.001	<u>−0.073</u>	0.386*

注：表中划横线数据为直接通径系数，最后一列为所有通径系数之和即相关系数，其他数据为相应的间接通径系数
* 表示在 $p<0.05$ 水平上显著，** 表示在 $p<0.01$ 水平上显著。余同

四种森林经营模式下东北天然次生林土壤脲酶活性与土壤酸碱度、土壤有机碳、全氮、全磷及碱解氮含量极显著正相关（$p<0.01$）；与速效钾含量显著正相关（$p<0.05$）；而与全钾含量呈显著负相关（$p<0.05$）；速效磷含量与土壤脲酶活性相关性不显著（$p>0.05$），应该不是其活性的主要影响因子。与土壤脲酶活性显著相关的七种土壤化学性质中，土壤

有机碳和全氮对脲酶活性的直接通径系数较大，分别为 0.447、0.396；土壤酸碱度、全磷、全钾、碱解氮和速效钾对土壤脲酶活性的直接通径系数分别为 0.209、0.118、−0.144、−0.066、−0.130。其中土壤酸碱度和全磷对土壤脲酶活性的直接作用为正向的，与土壤有机碳和全氮相比则相对较小，但两者通过土壤有机碳和全氮的间接通径系数之和分别达 0.383、0.422，这使得两者对土壤脲酶活性的总体效应均达到显著水平（$p < 0.05$）。全钾的直接作用和总效应均为负向的，通过土壤有机碳的间接通径系数为 −0.144，与全钾的直接通径系数大小相当，通过全氮的间接通径系数也达到了 −0.098。碱解氮和速效钾对土壤脲酶活性的直接作用均为负效应，且都相对较小，但两种化学性质对脲酶活性的总作用均达到显著正相关水平（$p < 0.05$）；因此，碱解氮和速效钾主要通过与其他土壤化学性质之间的间接作用影响脲酶活性，特别是通过土壤有机碳和全氮，两者通过土壤有机碳的间接通径系数分别为 0.339 和 0.263，通过全氮的间接通径系数分别为 0.269 和 0.213。土壤有机碳和全氮不仅对土壤脲酶活性具有较大的直接作用，而且各土壤化学性质分别通过土壤有机碳和全氮对脲酶活性均具有较大的间接作用，表征土壤有机碳和全氮是影响四种森林经营模式下东北天然次生林土壤脲酶活性的主要因素。

　　四种森林经营模式下东北天然次生林土壤蛋白酶活性与酸碱度、土壤有机碳、全氮、全磷、碱解氮及速效钾含量呈极显著正相关（$p < 0.01$）；与全钾含量呈负相关，达显著水平（$p < 0.05$）；与土壤脲酶一样，速效磷与土壤蛋白酶活性相关性不显著，应该也不是土壤蛋白酶活性的主要影响因子。与土壤蛋白酶活性相关性达显著水平的七种土壤化学性质中，对蛋白酶活性的直接通径系数从大到小依次是土壤有机碳（0.405）>全氮（0.346）>土壤酸碱度（0.283）>速效钾（0.193）>全磷（0.144）>碱解氮（−0.130）>全钾（−0.098）。其中，土壤酸碱度、速效钾、全磷、碱解氮和全钾主要通过土壤有机碳和全氮的间接作用来影响土壤蛋白酶活性，均具有相对较大的间接通径系数，通过土壤有机碳的间接通径系数分别为 0.179、0.239、0.195、0.307、−0.131，通过全氮的间接通径系数分别为 0.162、0.186、0.182、0.235、−0.086。此外，全氮通过土壤有机碳对土壤蛋白酶活性的间接通径系数也相对较大，高达 0.318。因此，认为土壤有机碳是影响四种森林经营模式下东北天然次生林土壤蛋白酶活性的主要因子，同时全氮对土壤蛋白酶活性也具有重要影响。

　　四种森林经营模式下东北天然次生林土壤酸性磷酸酶活性与酸碱度、土壤有机碳、全氮、全磷、碱解氮及速效钾含量呈极显著正相关（$p < 0.01$）；而全钾和速效磷与土壤酸性磷酸酶活性的相关性未达显著水平（$p > 0.05$），所以这两种土壤化学性质应该不是影响土壤酸性磷酸酶活性的主要因子。在与土壤酸性磷酸酶活性具有极显著相关性的六种土壤化学性质中，对土壤酸性磷酸酶活性的直接通径系数最大的是土壤有机碳（0.651）、全磷（0.377）次之，其他四种土壤化学性质直接通径系数从大到小依次是碱解氮（−0.225）、全氮（0.205）、土壤酸碱度（0.179）、速效钾（−0.002）。碱解氮对土壤酸性磷酸酶的直接作用为负效应，但通过其他土壤化学性质具有较大的间接作用，其中，通过土壤有机碳的间接通径系数高达 0.494，通过全磷的间接通径系数也达到 0.184，从而使得总效应达极显著正相关；全氮通过土壤有机碳的间接通径系数最大（0.511），通过全磷的间接通径系数也达 0.198；酸碱度通过土壤有机碳和全磷的间接通径系数则分别为 0.288 和

0.102，均高于通过其他土壤化学性质的间接通径系数；速效钾的直接通径系数非常小，仅为 −0.002，但总的通径系数为 0.536，达极显著水平，这主要通过与其他土壤化学性质的间接作用实现，其中，通过土壤有机碳和全磷两者的间接通径系数之和就达到 0.493。此外，全磷通过土壤有机碳也具有相对较大的间接通径系数，为 0.312。因此，土壤有机碳是影响四种森林经营模式下东北天然次生林土壤酸性磷酸酶活性的主要因子，全磷也对土壤酸性磷酸酶活性具有较大影响。

四种森林经营模式下东北天然次生林土壤过氧化氢酶活性与土壤有机碳、全氮、全磷、碱解氮含量呈极显著正相关（$p<0.01$）；与土壤酸碱度和速效钾呈显著正相关（$p<0.05$）；而全钾和速效磷与土壤过氧化氢酶活性之间的相关性不显著（$p>0.05$），因而应该不是土壤过氧化氢酶活性的主要影响因子。具有显著相关性的六种土壤化学性质对土壤过氧化氢酶活性的直接通径系数依次为土壤有机碳（0.551）> 全磷（0.213）> 全氮（0.206）> 酸碱度（0.145）> 碱解氮（−0.073）> 速效钾（−0.073）。土壤有机碳对过氧化氢酶活性的直接通径系数最大；且全磷、全氮、酸碱度、碱解氮、速效钾五种土壤化学性质通过土壤有机碳的间接通径系数均相对较大，分别为 0.265、0.432、0.244、0.418、0.325。结果表明，土壤有机碳是影响四种森林经营模式下东北天然次生林土壤过氧化氢酶活性的主要因子。

7.3 结论与讨论

大量研究表明，森林土壤酶活性随着土壤深度的增加呈递减的趋势（胡嵩等，2013；赵维娜等，2016），与本研究结论一致（表 7-1）。在四种森林经营模式中，土壤蔗糖酶、脲酶、蛋白酶、酸性磷酸酶及过氧化氢酶活性均是 0 ~ 20cm 土层显著高于 20 ~ 40cm 土层，这主要与土壤养分随土壤深度的变化有关。

不同森林经营模式对东北天然次生林土壤的蔗糖酶、脲酶、蛋白酶、酸性磷酸酶和过氧化氢酶活性存在显著影响（表 7-1）。在 0 ~ 20cm 土层，粗放森林经营模式林分的 5 种土壤酶活性均显著（$p<0.05$）高于目标树森林经营模式、调整育林法森林经营模式和无干扰森林经营模式，但后三者间均无显著差异（$p>0.05$）。在 20 ~ 40cm 土层，蔗糖酶活性在粗放森林经营模式、目标树森林经营模式和调整育林法森林经营模式间无显著差异且均显著高于无干扰森林经营模式；脲酶活性在粗放森林经营模式中显著高于调整育林法森林经营模式和无干扰森林经营模式，但与目标树森林经营模式之间无显著差异；蛋白酶活性和酸性磷酸酶活性均表现为粗放森林经营模式显著高于目标树森林经营模式、调整育林法森林经营模式和无干扰森林经营模式，且后三者间无显著差异；过氧化氢酶活性则是粗放森林经营模式和调整育林法森林经营模式（两者间差异不显著）显著高于目标树森林经营模式和无干扰森林经营模式（两者间差异不显著）。这可能与四种天然次生林采取的不同的采伐抚育措施有关。研究表明，中低强度的林木间伐会提高土壤酶活性，而高强度间伐（约大于 60%）反而会降低土壤酶活性（郭蓓等，2007；郝俊鹏等，2013）。四种天然次生林森林经营模式中粗放森林经营模式一直采取最大的间伐抚育措施，但最大的间伐强度也仅为 30% ~ 40%，所以粗放森林经营模式林分土壤酶活性和微生物生物量含量均是最高的。目标树和调整育林法两种森林经营模式也有一定的间伐抚育措施，但目标树森林经营模式间伐强度较小（20%），调整育林法森林经营模式在间伐后引进了调整树种，维持了林地结构，且最近的一次间伐时间也是在2006年，时间削弱了间伐抚育措施对土壤酶活性的影响，从而导致两种森林经营模式之间整体差异不显著，且与无干扰森林经营模式之间整体差别较小。因此，粗放森林经营模式可能有利于提高天然次生林的土壤酶活性。

通径分析的结果表明（表 7-2），影响四种天然次生林经营模式林分土壤酶活性的土壤化学性质主要是土壤有机碳；此外，全氮也是影响土壤脲酶和蛋白酶活性的重要因子，全磷也对土壤酸性磷酸酶活性具有较大影响。土壤有机碳是土壤有机质的重要组成部分，而土壤有机质与土壤酶活性密不可分，因此，土壤有机碳对酶活性的直接通径系数较大，这与漆良华等（2011）和 Shi 等（2008）的研究结果相似。土壤脲酶主要参与土壤的氮素循环，因而土壤全氮也对其活性有较大影响，贡璐等（2012）的研究结果也证实了这一点。土壤蛋白酶主要分解土壤中的蛋白质类、肽类和氨基酸类物质（Kamimura and Hayano，2000），所以土壤全氮直接影响土壤蛋白酶的活性。刘广深等（2003）对浙江五种土壤的研究也证实土壤全磷直接影响土壤酸性磷酸酶的活性。

第8章 土壤微生物影响

8.1 土壤微生物数量

8.1.1 土壤微生物数量的差异

对四种森林经营模式下东北天然次生林土壤微生物数量的分析结果表明（表8-1），四种森林经营模式林分土壤三大常见微生物类群在 0 ~ 20cm 土层的数量中均显著高于 20 ~ 40cm 土层（$p<0.05$），微生物的总数在两个土壤层中也都存在显著差异（$p<0.05$）。且在所有林分和土壤层中，细菌的数量均是最多的，放线菌数量次之，真菌数量最少。

在 0 ~ 20cm 土层，无干扰森林经营模式林分土壤细菌数量最多，达 $9.69 \times 10^6 \text{CFU/g}$，显著多于其他三种森林经营模式（$p<0.05$）；粗放森林经营模式、目标树森林经营模式、调整育林法森林经营模式中土壤细菌数量分别为 $4.22 \times 10^6 \text{CFU/g}$、$5.63 \times 10^6 \text{CFU/g}$、$3.15 \times 10^6 \text{CFU/g}$，且三种森林经营模式之间差异性未达显著水平（$p>0.05$）。在 20 ~ 40cm 土层，四种森林经营模式林分土壤细菌数量分别为 $1.88 \times 10^6 \text{CFU/g}$、$2.20 \times 10^6 \text{CFU/g}$、$1.45 \times 10^6 \text{CFU/g}$、$4.12 \times 10^6 \text{CFU/g}$，表现与 0 ~ 20cm 土层相似，也是无干扰森林经营模式中数量最多，且显著多于粗放森林经营模式、目标树森林经营模式、调整育林法森林经营模式（$p<0.05$）；而粗放森林经营模式、目标树森林经营模式、调整育林法森林经营模式三者之间不存在显著差异（$p>0.05$）。

四种森林经营模式林分土壤放线菌数量在 0 ~ 20cm 土层中无显著差异（$p>0.05$），分别为 $7.38 \times 10^5 \text{CFU/g}$、$6.96 \times 10^5 \text{CFU/g}$、$6.02 \times 10^5 \text{CFU/g}$、$6.27 \times 10^5 \text{CFU/g}$。在 20 ~ 40cm 土层，粗放森林经营模式林分土壤放线菌数量最少，仅有 $1.18 \times 10^5 \text{CFU/g}$，且显著少于目标树森林经营模式（$3.41 \times 10^5 \text{CFU/g}$）和调整育林法森林经营模式（$4.54 \times 10^5 \text{CFU/g}$）（$p<0.05$），但与无干扰森林经营模式（$3.35 \times 10^5 \text{CFU/g}$）之间差异不显著（$p>0.05$）；目标树森林经营模式、调整育林法森林经营模式、无干扰森林经营模式三者之间也不存在显著差异（$p>0.05$）。

在 0 ~ 20cm 和 20 ~ 40cm 两个土壤层中，粗放森林经营模式林分土壤真菌数量均是最多的，分别为 $7.41 \times 10^4 \text{CFU/g}$、$2.56 \times 10^4 \text{CFU/g}$，都显著多于目标树森林经营模式、调整育林法森林经营模式、无干扰森林经营模式（$p<0.05$）。而目标树森林经营模式、调整育林法森林经营模式和无干扰森林经营模式在两个土壤层中均无显著差异（$p>0.05$）；在 0 ~ 20cm 土层，这三种森林经营模式林分土壤真菌数量分别为 $5.79 \times 10^4 \text{CFU/g}$、$5.43 \times 10^4 \text{CFU/g}$、$5.39 \times 10^4 \text{CFU/g}$；在 20 ~ 40cm 土层，这三种森林经营模式林分土壤真菌数量分别为 $1.70 \times 10^4 \text{CFU/g}$、$1.75 \times 10^4 \text{CFU/g}$、$1.69 \times 10^4 \text{CFU/g}$。

在所有林分和土壤层中细菌的数量占土壤微生物总数的比例均超过了80%，所以土壤三大类群微生物的总数主要受细菌数量的影响，使得四种森林经营模式林分土壤微生物总数的差异与细菌数量的差异表现基本一致。在 0～20cm 土层，粗放森林经营模式、目标树森林经营模式、调整育林法森林经营模式、无干扰森林经营模式林分土壤微生物总数分别为 5.04×10^4CFU/g、6.38×10^4CFU/g、3.81×10^4CFU/g、10.37×10^4CFU/g；在 20～40cm 土层，微生物总数则分别为 2.02×10^4CFU/g、2.56×10^4CFU/g、1.81×10^4CFU/g、4.47×10^4CFU/g。

表 8-1   四种森林经营模式林分土壤微生物数量差异

土壤微生物数量	土壤深度 (cm)	森林经营模式			
		FM1	FM2	FM3	FM4
细菌 （×10⁶CFU/g）	0～20	4.22 ± 1.59bA	5.63 ± 1.87bA	3.15 ± 1.81bA	9.69 ± 2.85aA
	20～40	1.88 ± 0.93bB	2.20 ± 1.35bB	1.45 ± 0.53bB	4.12 ± 1.49aB
放线菌（×10⁵CFU/g）	0～20	7.38 ± 2.69aA	6.96 ± 1.71aA	6.02 ± 2.74aA	6.27 ± 2.42aA
	20～40	1.18 ± 0.47bB	3.41 ± 1.45aB	4.54 ± 1.65aB	3.35 ± 1.29abB
真菌（×10⁴CFU/g）	0～20	7.41 ± 1.88aA	5.79 ± 0.74bA	5.43 ± 1.32bA	5.39 ± 0.89bA
	20～40	2.56 ± 0.85aB	1.70 ± 0.50bB	1.75 ± 0.52bB	1.69 ± 0.42bB
总数 （×10⁶CFU/g）	0～20	5.04 ± 1.68bA	6.38 ± 1.82bA	3.81 ± 1.92bA	10.37 ± 2.78aA
	20～40	2.02 ± 0.94bB	2.56 ± 1.33bB	1.81 ± 0.53bB	4.47 ± 1.46aB

8.1.2   土壤化学性质与微生物数量的关系

土壤化学性质对微生物数量的通径分析结果见表 8-2。四种森林经营模式下东北天然次生林土壤细菌数量与土壤有机碳、全氮、碱解氮及速效钾含量呈极显著正相关（$p<0.01$）；与土壤酸碱度呈正相关，达显著水平（$p<0.05$）；与全钾含量呈负相关，达极显著水平（$p<0.01$）；全磷和速效磷含量与土壤细菌数量相关性不显著（$p>0.05$），应该不是土壤细菌数量差异的主要影响因子。与土壤细菌数量相关性达显著水平的六种土壤化学性质中，对细菌数量的直接通径系数从大到小依次是土壤有机碳（0.374）＞碱解氮（0.325）＞速效钾（0.324）＞全钾（−0.166）＞土壤酸碱度（0.095）＞全氮（0.088）。其中，土壤有机碳、碱解氮、速效钾主要直接影响土壤细菌数量，直接通径系数相对较大；全钾、酸碱度和全氮主要通过间接作用影响土壤细菌数量，三种化学性质通过土壤有机碳的间接通径系数分别为 −0.121、0.165、0.293，通过碱解氮的间接通径系数分别为 −0.105、0.120、0.221，通过速效钾的间接通径系数分别为 −0.110、0.080、0.175。因此，认为土壤有机碳、碱解氮和速效钾是影响四种森林经营模式下东北天然次生林土壤细菌数量的主要因子。

表 8-2　土壤化学性质对土壤微生物数量的通径系数

因变量	自变量	土壤酸碱度	土壤有机碳	全氮	全磷	全钾	碱解氮	速效磷	速效钾	总和
细菌	土壤酸碱度	0.095	0.165	0.041	−0.048	0.018	0.120	0.002	0.080	0.473*
	土壤有机碳	0.042	0.374	0.069	−0.084	0.053	0.247	0.001	0.191	0.894**
	全氮	0.044	0.293	0.088	−0.092	0.041	0.221	0.002	0.175	0.772**
	全磷	0.026	0.180	0.046	−0.176	0.043	0.159	0.001	0.095	0.374
	全钾	−0.010	−0.121	−0.022	0.046	−0.166	−0.105	0.001	−0.110	−0.488**
	碱解氮	0.035	0.284	0.060	−0.086	0.054	0.325	0.001	0.165	0.838**
	速效磷	0.034	0.127	0.040	−0.060	−0.029	0.096	0.004	−0.004	0.207
	速效钾	0.023	0.220	0.047	−0.051	0.056	0.165	0.000	0.324	0.786**
放线菌	土壤酸碱度	0.200	0.289	0.116	−0.036	0.018	−0.027	−0.018	−0.023	0.521**
	土壤有机碳	0.088	0.655	0.196	−0.063	0.054	−0.055	−0.017	−0.055	0.803**
	全氮	0.093	0.514	0.249	−0.069	0.042	−0.049	−0.022	−0.050	0.707**
	全磷	0.054	0.314	0.131	−0.132	0.044	−0.035	−0.017	−0.027	0.331
	全钾	−0.022	−0.211	−0.062	0.034	−0.168	0.023	−0.009	0.032	−0.382*
	碱解氮	0.074	0.496	0.169	−0.064	0.055	−0.072	−0.014	−0.048	0.595**
	速效磷	0.071	0.223	0.114	−0.045	−0.030	−0.021	−0.049	0.001	0.264
	速效钾	0.049	0.386	0.134	−0.039	0.057	−0.037	0.001	−0.094	0.458*
真菌	土壤酸碱度	0.452	0.269	0.117	0.067	0.027	−0.084	−0.051	−0.030	0.768**
	土壤有机碳	0.200	0.609	0.197	0.118	0.080	−0.172	−0.049	−0.070	0.913**
	全氮	0.211	0.478	0.251	0.129	0.062	−0.154	−0.066	−0.064	0.847**
	全磷	0.123	0.293	0.132	0.245	0.065	−0.111	−0.049	−0.035	0.662**
	全钾	−0.049	−0.196	−0.062	−0.064	−0.250	0.073	−0.026	0.041	−0.533**
	碱解氮	0.167	0.462	0.171	0.120	0.081	−0.227	−0.042	−0.061	0.670**
	速效磷	0.161	0.208	0.115	0.084	−0.044	−0.067	−0.144	0.002	0.314
	速效钾	0.112	0.359	0.135	0.072	0.085	−0.115	0.002	−0.120	0.529**

　　四种森林经营模式下东北天然次生林土壤放线菌数量与土壤酸碱度、土壤有机碳、全氮、碱解氮含量呈极显著正相关（$p<0.01$）；与速效钾含量呈显著正相关（$p<0.05$）；与全钾含量呈显著负相关（$p<0.05$）；全磷和速效磷含量与土壤放线菌数量相关性也未达显著水平（$p>0.05$），所以应该不是影响土壤放线菌数量的主要因子。与土壤放线菌数量相关性达显著水平的六种土壤化学性质中，对放线菌数量的直接通径系数最大的是土壤有机碳（0.655），其后从大到小依次是土壤全氮（0.249）、酸碱度（0.200）、全钾（−0.168）、

速效钾（–0.094）、碱解氮（–0.072）。其中，全氮和土壤酸碱度对土壤放线菌数量的直接作用为正效应，且都通过土壤有机碳具有较大的间接作用，通过土壤有机碳的间接通径系数分别为 0.514、0.289。全钾、速效钾、碱解氮对土壤放线菌数量的直接作用均为负效应，但都相对较小，这三种化学性质的总作用都达到显著水平（$p<0.05$）；这与它们通过土壤有机碳的间接通径系数较大有关，分别为 –0.211、0.386、0.496。因此，认为土壤有机碳是影响四种森林经营模式下东北天然次生林土壤放线菌数量的主要因子。

　　四种森林经营模式下东北天然次生林土壤真菌数量与土壤酸碱度、土壤有机碳、全氮、全磷、碱解氮及速效钾含量呈极显著正相关（$p<0.01$）；与全钾含量呈极显著负相关（$p<0.01$）；速效磷含量与土壤真菌数量相关性不显著（$p>0.05$），所以应该不是影响土壤真菌数量的主要因子。与土壤真菌数量相关性达极显著水平的七种土壤化学性质中，对土壤真菌数量的直接通径系数最大的是土壤有机碳（0.609），土壤酸碱度（0.452）次之，其他五种土壤化学性质的直接通径系数分别为全氮（0.251）、全磷（0.245）、全钾（–0.250）、碱解氮（–0.227）、速效钾（–0.120）。全氮、全磷、全钾、碱解氮、速效钾通过土壤有机碳对土壤真菌数量的间接通径系数分别为 0.478、0.293、–0.196、0.462、0.359；通过土壤酸碱度的间接通径系数分别为 0.211、0.123、–0.049、0.167、0.112。土壤有机碳和土壤酸碱度对真菌数量的直接作用较大，且其他土壤化学性质通过土壤有机碳和土壤酸碱度的间接作用均较大（全钾除外）；结果表明，土壤有机碳和土壤酸碱度是四种森林经营模式下东北天然次生林土壤真菌数量的主要影响因子。

8.2　土壤微生物生物量

8.2.1　土壤微生物生物量差异

　　土层深度对四种森林经营模式下东北天然次生林土壤微生物生物量碳、微生物生物量氮及土壤微生物生物量磷含量影响显著（图 8-1）。四种林分 0 ~ 20cm 土层土壤微生物生物量碳、土壤微生物生物量氮和土壤微生物生物量磷含量都显著高于 20 ~ 40cm 土层（$p<0.05$）。

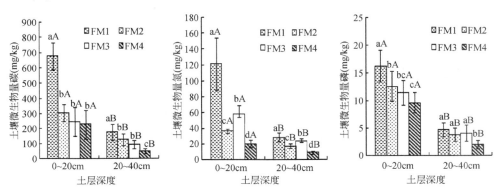

图 8-1　四种森林经营模式林分土壤微生物生物量的差异

不同森林经营模式对东北天然次生林土壤微生物生物量影响显著(图8-1)。在0～20cm和20～40cm土层，粗放森林经营模式林分土壤微生物生物量碳含量均是最高的，分别为677.77mg/kg、172.05mg/kg，与目标树森林经营模式、调整育林法森林经营模式、无干扰森林经营模式差异显著（$p<0.05$）。而在0～20cm土层，目标树森林经营模式、调整育林法森林经营模式、无干扰森林经营模式林分土壤微生物生物量碳含量分别为304.30mg/kg、247.17mg/kg、225.96mg/kg，三者之间不存在显著差异（$p>0.05$）。在20～40cm土层，无干扰森林经营模式林分土壤微生物生物量碳含量为47.53mg/kg，显著低于目标树森林经营模式（124.81mg/kg）、调整育林法森林经营模式（94.15mg/kg）两种森林经营模式（$p<0.05$），但目标树森林经营模式、调整育林法森林经营模式之间无显著差异（$p>0.05$）。

在0～20cm土层，四种森林经营模式土壤微生物生物量氮含量分别为121.43mg/kg、36.17mg/kg、58.51mg/kg、19.99mg/kg，其中，粗放森林经营模式含量最高，调整育林法森林经营模式次之，无干扰森林经营模式含量最低，且四种森林经营模式之间均存在显著差异（$p<0.05$）（图8-1）。在20～40cm土层，四种森林经营模式之间土壤微生物生物量氮含量也都存在显著差异（$p<0.05$），规律与0～20cm土层相同，微生物生物量氮含量分别为28.36mg/kg、16.98mg/kg、23.74mg/kg、8.92mg/kg。

在0～20cm土层，粗放森林经营模式林分土壤微生物量磷含量最高，为16.24mg/kg，显著高于其他三种森林经营模式（$p<0.05$）；无干扰森林经营模式含量为9.69mg/kg，显著低于粗放森林经营模式和目标树森林经营模式（$p<0.05$），但与调整育林法森林经营模式之间差异不显著（$p>0.05$）；目标树森林经营模式和调整育林法森林经营模式之间无显著差异（$p>0.05$），分别为12.62mg/kg、11.43mg/kg（图8-1）。在20～40cm土层，粗放森林经营模式、目标树森林经营模式、调整育林法森林经营模式三者之间土壤微生物生物量磷含量无显著差别（$p>0.05$），分别为4.71mg/kg、3.80mg/kg、4.07mg/kg；而无干扰森林经营模式含量仅为2.04mg/kg显著低于粗放森林经营模式、目标树森林经营模式和调整育林法森林经营模式（$p<0.05$）。

8.2.2　土壤微生物熵差异

土壤微生物碳熵、土壤微生物氮熵和土壤微生物磷熵分别反映土壤微生物对土壤有机碳、全氮及全磷的利用速率。由图8-2可知，仅粗放森林经营模式的土壤微生物碳熵在土壤深度上表现出显著差异（$p<0.05$），其余三种森林经营模式土壤微生物碳熵及四种森林经营模式的土壤微生物氮熵和土壤微生物磷熵在0～20cm与20～40cm土层中均无显著差异（$p>0.05$）。

在0～20cm与20～40cm土层，粗放森林经营模式土壤微生物碳熵分别为1.44%和0.77%，均显著高于目标树森林经营模式、调整育林法森林经营模式、无干扰森林经营模式（$p<0.05$）（图8-2）。而目标树森林经营模式、调整育林法森林经营模式和无干扰森林经营模式三者间土壤微生物碳熵在两个土层中差异都不显著（$p>0.05$）；在0～20cm土层，目标树森林经营模式、调整育林法森林经营模式、无干扰森林经营模式土壤微生物碳熵分别为0.52%、0.54%、0.46%；在20～40cm土层，则分别为0.49%、0.38%、0.29%。

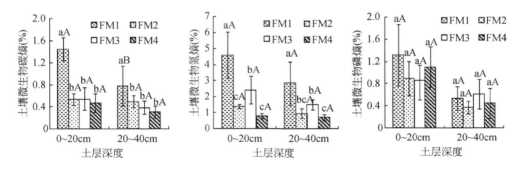

图 8-2　四种森林经营模式林分土壤微生物熵的差异

在 0 ～ 20cm 与 20 ～ 40cm 两个土层中粗放森林经营模式的土壤微生物氮熵也是最高的，且均与其他三种森林经营模式差异显著（$p<0.05$），分别为 4.58% 和 2.84%（图 8-2）。目标树森林经营模式、调整育林法森林经营模式和无干扰森林经营模式土壤微生物氮熵在 0 ～ 20cm 土层表现为调整育林法森林经营模式（2.42%）> 目标树森林经营模式（1.39%）> 无干扰森林经营模式（0.79%）；而在 20 ～ 40cm 土层，目标树森林经营模式、调整育林法森林经营模式、无干扰森林经营模式土壤微生物氮熵分别为 0.95%、1.49%、0.70%，其中，调整育林法森林经营模式显著高于无干扰森林经营模式（$p<0.05$），但目标树森林经营模式与调整育林法森林经营模式、无干扰森林经营模式均无显著差异（$p>0.05$）。

不同森林经营模式对东北天然次生林土壤微生物磷熵无显著影响（$p>0.05$）（图 8-2）。在 0 ～ 20cm 土层，四种森林经营模式土壤微生物磷熵分别为 1.30%、0.88%、0.86%、1.09%；在 20 ～ 40cm 土层中则分别为 0.52%、0.36%、0.61%、0.43%。

8.2.3　土壤化学性质与土壤微生物生物量的关系

土壤化学性质对土壤微生物生物量的通径分析结果见表 8-3。土壤微生物生物量碳与土壤酸碱度、土壤有机碳、全氮、全磷、碱解氮、速效钾含量呈极显著正相关（$p<0.01$）；与全钾呈显著负相关（$p<0.05$）；速效磷与土壤微生物生物量碳无显著的相关关系（$p>0.05$），应该不是影响土壤微生物生物量碳的主要因子。与土壤微生物生物量碳显著相关的七种土壤化学性质中，土壤有机碳对土壤微生物生物量碳的直接通径系数最大（0.563），全氮次之（0.326）；其余土壤化学性质的直接通径系数均相对较小，但通过土壤有机碳和全氮对土壤微生物生物量碳的间接通径系数均较大，全氮也通过土壤有机碳对土壤微生物生物量碳有较大的间接正效应。因此，土壤有机碳和全氮是影响四种森林经营模式下东北天然次生林土壤微生物生物量碳的主要因子，且土壤有机碳的影响应该更大。

土壤微生物生物量氮与土壤酸碱度、土壤有机碳、全氮、全磷、速效磷呈极显著正相关（$p<0.01$），与碱解氮、速效钾呈显著正相关（$p<0.05$）；全钾含量与土壤微生物生物量氮相关性未达显著水平（$p>0.05$），应该不是主要的影响因子。与土壤微生物生物量氮显著相关的七种土壤化学性质中，土壤有机碳对土壤微生物生物量氮的直接通径系数最大

（0.597），碱解氮次之（–0.443），全氮也有较大的直接通径系数（0.421）；且各土壤化学性质通过土壤有机碳、碱解氮、全氮对土壤微生物生物量氮有较大的间接通径系数。所以，土壤有机碳、碱解氮、全氮是影响四种森林经营模式下东北天然次生林土壤微生物生物量氮的主要因子，土壤有机碳的影响应该最大，且碱解氮的直接影响应该是负效应。

表 8-3　土壤化学性质对土壤微生物生物量的通径系数

因变量	自变量	土壤酸碱度	土壤有机碳	全氮	全磷	全钾	碱解氮	速效磷	速效钾	总和
微生物量碳	土壤酸碱度	<u>0.185</u>	0.249	0.152	0.061	0.008	−0.093	−0.042	0.034	0.553**
	土壤有机碳	0.082	<u>0.563</u>	0.256	0.108	0.023	−0.191	−0.040	0.082	0.881**
	全氮	0.086	0.441	<u>0.326</u>	0.118	0.017	−0.171	−0.054	0.075	0.839**
	全磷	0.050	0.270	0.171	<u>0.225</u>	0.018	−0.123	−0.040	0.040	0.611**
	全钾	−0.020	−0.181	−0.081	−0.058	<u>0.070</u>	0.082	−0.021	−0.047	−0.397*
	碱解氮	0.068	0.427	0.221	0.110	0.023	<u>−0.252</u>	−0.035	0.070	0.632**
	速效磷	0.066	0.192	0.149	0.077	−0.012	−0.074	<u>−0.118</u>	−0.002	0.277
	速效钾	0.046	0.331	0.175	0.066	0.024	−0.128	0.002	<u>0.139</u>	0.654**
微生物量氮	土壤酸碱度	<u>0.112</u>	0.264	0.196	0.068	−0.013	−0.164	0.048	−0.001	0.510**
	土壤有机碳	0.050	<u>0.597</u>	0.330	0.120	−0.039	−0.336	0.046	−0.003	0.765**
	全氮	0.052	0.468	<u>0.421</u>	0.131	−0.030	−0.301	0.062	−0.003	0.801**
	全磷	0.030	0.287	0.220	<u>0.251</u>	−0.031	−0.216	0.046	−0.002	0.585**
	全钾	−0.012	−0.192	−0.104	−0.065	<u>0.120</u>	0.143	0.024	0.002	−0.085
	碱解氮	0.041	0.453	0.286	0.122	−0.039	<u>−0.443</u>	0.040	−0.003	0.457*
	速效磷	0.040	0.203	0.192	0.086	0.021	−0.130	<u>0.135</u>	0.000	0.547**
	速效钾	0.028	0.352	0.226	0.073	−0.041	−0.225	−0.002	<u>−0.006</u>	0.406*
微生物量磷	土壤酸碱度	<u>0.222</u>	0.297	0.114	0.106	0.015	−0.068	−0.054	−0.088	0.543**
	土壤有机碳	0.098	<u>0.671</u>	0.191	0.187	0.045	−0.139	−0.052	−0.210	0.792**
	全氮	0.103	0.527	<u>0.244</u>	0.204	0.035	−0.125	−0.069	−0.192	0.727**
	全磷	0.060	0.322	0.128	<u>0.389</u>	0.036	−0.090	−0.052	−0.104	0.690**
	全钾	−0.024	−0.216	−0.061	−0.101	<u>0.140</u>	0.059	−0.027	0.121	−0.388*
	碱解氮	0.082	0.509	0.166	0.190	0.045	<u>−0.183</u>	−0.045	−0.181	0.583**
	速效磷	0.079	0.229	0.111	0.133	−0.025	−0.054	<u>−0.152</u>	0.005	0.327
	速效钾	0.055	0.396	0.131	0.114	0.047	−0.093	0.002	<u>−0.356</u>	0.295

土壤微生物生物量磷与土壤酸碱度、土壤有机碳、全氮、全磷及碱解氮含量呈极显著

正相关（$p<0.01$）；与全钾含量呈负相关，达显著水平（$p<0.05$）；速效磷和速效钾含量与土壤微生物生物量磷含量无显著相关关系（$p>0.05$），因此应该不是主要的影响因子。土壤酸碱度、土壤有机碳、全氮、全磷、全钾、碱解氮这六种与土壤微生物生物量磷相关性达显著水平的土壤化学性质中，对土壤微生物生物量磷的直接通径系数大小依次为土壤有机碳（0.671）＞全磷（0.389）＞全氮（0.244）＞土壤酸碱度（0.222）＞碱解氮（–0.183）＞全钾（–0.140）；土壤有机碳的直接作用最大，且各土壤化学性质通过土壤有机碳和全磷对土壤微生物生物量磷的间接作用均较大，具有相对较大的间接通径系数。所以，土壤有机碳和全磷是影响四种森林经营模式下东北天然次生林土壤微生物生物量磷的主要因子。

8.3　土壤微生物功能多样性

8.3.1　土壤微生物碳源种类平均利用的动态特征

Biolog-Eco 微平板的单孔平均颜色变化率（AWCD）的变化表征着土壤微生物对单一碳源的利用能力，是反映土壤微生物群落代谢活性和功能多样性的重要指标。四种森林经营模式林分土壤微生物群落 AWCD 随时间变化如图 8-3 所示。四种森林经营模式下，土壤微生物 AWCD 均随培养时间的延长而逐渐增大，但在各培养时期均有无干扰森林经营模式土壤微生物 AWCD 最大，粗放森林经营模式最小，而目标树森林经营模式和调整育林法森林经营模式差异甚微且在粗放森林经营模式与无干扰森林经营模式之间（图 8-3）。

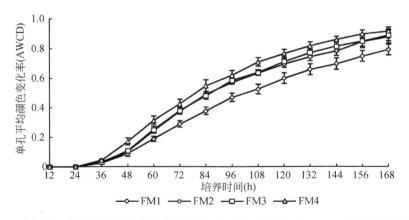

图 8-3　四种森林经营模式林分土壤微生物单孔平均颜色变化率（AWCD）随培养时间的变化

8.3.2　土壤微生物碳源类型利用的比较

图 8-4 表示培养 72h 时，四种森林经营模式下东北天然次生林土壤微生物对六类碳

源的利用率情况 [以每类碳源的平均光密度值（AWCD）表示]（刘云华等，2014）。四种森林经营模式林分土壤微生物对胺类碳源利用程度最高且四种模式间不存在显著差异（$p>0.05$）；对氨基酸类碳源的利用除了粗放森林经营模式与其他三种模式差异显著（$p<0.05$）外，目标树森林经营模式、调整育林法森林经营模式和无干扰森林经营模式之间差异不显著（$p>0.05$）。对羧酸类碳源的利用，粗放森林经营模式与无干扰森林经营模式和调整育林法森林经营模式之间差异显著（$p<0.05$），而目标树森林经营模式与其他三种模式及调整育林法森林经营模式与无干扰森林经营模式之间差异不显著（$p>0.05$）。对聚合物类碳源的利用除了粗放森林经营模式与无干扰森林经营模式之间差异显著外（$p<0.05$），其余模式之间均差异不显著（$p>0.05$）。粗放森林经营模式糖类碳源利用率最低且与其他三种模式差异显著（$p<0.05$），调整育林法森林经营模式与无干扰森林经营模式也存在显著差异（$p<0.05$），目标树森林经营模式与调整育林法森林经营模式及无干扰森林经营模式间差异不显著（$p>0.05$）。对其他类碳源的利用，粗放森林经营模式依然最低且与目标树森林经营模式和无干扰森林经营模式差异显著（$p<0.05$），与调整育林法森林经营模式差异不显著（$p>0.05$），目标树森林经营模式、调整育林法森林经营模式、无干扰森林经营模式三者之间差异也不显著（$p>0.05$）。

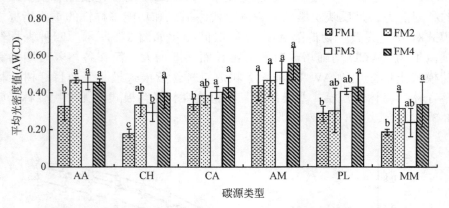

图 8-4 四种森林经营模式林分土壤微生物群落对六类碳源的利用率

AA- 氨基酸类；CH- 糖类；CA- 羧酸类；AM- 胺类；PL- 聚合物类；MM- 其他类

8.3.3 土壤微生物对碳源种类利用的能力

利用 72h 培养后的单孔光密度值进行主成分分析（PCA），提取累计贡献率达 87.97% 的前两个主成分（PC_1 为 70.10%、PC_2 为 17.87%）（图 8-5）。粗放森林经营模式的标准地位于第二象限，而目标树森林经营模式、调整育林法森林经营模式和无干扰森林经营模式均落在第四象限（图 8-5）。四种森林经营模式的主成分得分的方差分析表明，PC_1 得分存在极显著差异（$F=50.83$，$p<0.01$），而 PC_2 得分差异显著（$F=7.07$，$p<0.05$）。在 PC_1 得分上，粗放森林经营模式与其他三种模式均存在极显著差异（$p<0.01$），而目标树森林经营模式和无干扰森林经营模式之间也有显著差异（$p<0.05$），但目标树森林经营模式和调整育林法森林经营模式、调整育林法森林经营模式和无干扰森林经营模式之间差异

不显著。在 PC_2 得分上，粗放森林经营模式与其他三种模式均存在显著差异（$p<0.05$），其他模式之间没有差异。

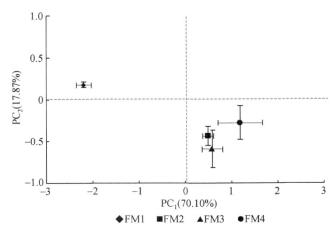

图 8-5 　 四种森林经营模式林分土壤微生物碳源种类利用的主成分分析

31 种碳源在主成分 PC_1 和 PC_2 上的载荷值见表 8-4。选择其中载荷绝对值大于 0.6 的碳源来分析微生物群落的代谢特征（即表中加黑数据）（闫法军等，2014；徐万里等，2015）。影响 PC_1 的主要碳源有 20 种，分别是氨基酸类 3 种（L- 精氨酸、L- 天门冬酰胺、L- 丝氨酸），糖类 4 种（D- 甘露醇、D- 木糖、β- 甲基 -D- 葡萄糖苷、D- 纤维二糖），羧酸类 6 种（D- 葡萄糖胺酸，D- 半乳糖醛酸，4- 羟基苯甲酸，γ- 羟丁酸，衣康酸，D- 苹果酸），胺类 2 种（苯乙胺、腐胺），聚合物类 3 种（吐温 40，吐温 80，α- 环式糊精），其他类 2 种（丙酮酸甲酯，D,L-α- 磷酸甘油）。影响 PC_2 的主要有 6 种碳源（甘氨酰 -L- 谷氨酸、D- 纤维二糖、N- 乙酰 -D- 葡萄糖胺、D- 葡萄糖胺酸、D- 半乳糖酸内脂、α-D- 葡萄糖 -1- 磷酸）。

表 8-4 　 31 种碳源在主成分 PC_1、PC_2 上的载荷值

碳源类型	碳源种类	PC_1	PC_2
氨基酸类	L- 精氨酸（C_{24}）	**0.951**	−0.193
	L- 天门冬酰胺（C_{25}）	**0.949**	−0.207
	L- 苯基丙氨酸（C_{26}）	0.432	0.550
	L- 丝氨酸（C_{27}）	**0.883**	0.069
	L- 苏氨酸（C_{28}）	0.069	−0.051
	甘氨酰 -L- 谷氨酸（C_{29}）	−0.304	**0.837**
糖类	D- 纤维二糖（C_6）	**0.668**	**0.688**
	α-D- 乳糖（C_7）	0.447	0.017
	β- 甲基 -D- 葡萄糖苷（C_8）	**0.615**	0.564

碳源类型	碳源种类	PC_1	PC_2
糖类	D- 木糖（C_9）	**0.847**	0.226
	i- 赤藓糖醇（C_{10}）	0.562	0.55
	D- 甘露醇（C_{11}）	**0.978**	−0.062
	N- 乙酰 -D- 葡萄糖胺（C_{12}）	0.594	**0.684**
羧酸类	D- 葡萄糖胺酸（C_{13}）	**0.645**	**0.624**
	D- 半乳糖酸内脂（C_{16}）	0.135	**0.914**
	D- 半乳糖醛酸（C_{17}）	**0.692**	−0.291
	2- 羟基苯甲酸（C_{18}）	0.553	0.428
	4- 羟基苯甲酸（C_{19}）	**0.992**	−0.017
	γ- 羟丁酸（C_{20}）	**0.877**	−0.210
	衣康酸（C_{21}）	**0.909**	−0.358
	α- 丁酮酸（C_{22}）	0.400	−0.359
	D- 苹果酸（C_{23}）	**0.917**	−0.367
胺类	苯乙胺（C_{30}）	**0.922**	−0.245
	腐胺（C_{31}）	**0.912**	0.013
聚合物类	吐温 40（C_2）	**0.974**	−0.186
	吐温 80（C_3）	**0.888**	−0.250
	α- 环式糊粗（C_4）	**0.782**	0.171
	肝糖（C_5）	0.585	−0.578
其他类	丙酮酸甲酯（C_1）	**0.612**	0.588
	α-D- 葡萄糖 -1- 磷酸（C_{14}）	0.573	**0.719**
	D,L-α- 磷酸苷油（C_{15}）	**0.853**	−0.014

8.3.4 土壤化学性质对土壤微生物碳源种类利用的影响

四种森林经营模式林分土壤化学性质见表 6-2，不同森林经营模式林分土壤化学性质存在一定的差异。四种森林经营模式林分土壤微生物碳源种类利用与土壤化学性质的冗余分析（RDA）表明（图 8-6），第一排序轴和第二排序轴分别解释了 73.45% 和 11.37% 的土壤微生物群落 – 化学性质的变异，说明土壤化学性质对微生物群落代谢有重要影响。

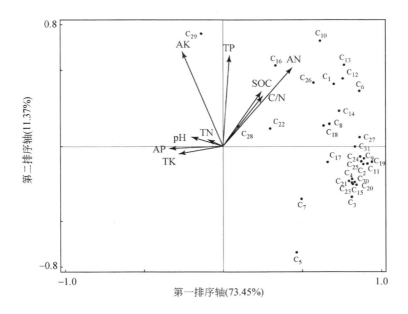

图 8-6　四种森林经营模式林分土壤微生物碳源种类利用与土壤化学性质的冗余分析
$C_1 \sim C_{31}$ 为 31 种碳源代号，具体见表 8-4

　　所选的 9 个化学性质指标共解释了 84% 的土壤微生物碳源种类利用的变异（表 8-5），其中，土壤水解氮、速效钾、速效磷、有机碳和碳氮比显著影响不同森林经营模式东北天然次生林土壤微生物的碳源代谢，这 5 个指标对土壤微生物碳源代谢的解释率达 65.7%（表 8-5）。

表 8-5　土壤化学性质对微生碳群落源利用的解释量

化学性质指标	解释量 a（%）	解释量 b（%）	p 值	F 值
碱解氮	15.6	15.6	0.020	3.2
速效钾	10.0	17.2	0.012	3.5
速效磷	7.8	16.5	0.050	2.6
有机碳	7.8	8.4	0.023	3.1
碳氮比	7.5	8.0	0.025	3.1
全钾	6.3	4.5	0.405	1.1
全磷	6.0	6.1	0.595	0.7
pH	3.8	2.4	0.455	0.9
全氮	2.7	5.3	0.815	0.3

　　注：解释量 a 表示每个化学指标作为唯一因子时的解释量；解释量 b 表示当化学指标作为整体变量被选入模型的解释量；p 值表示当化学指标被作为整体变量选入时在蒙特卡罗 95% 信度区间显著性检验的 p 值；F 值代表当变量作为整体变量选入时在蒙特卡罗 95% 信度区间显著性检验的 F 值

8.3.5 土壤微生物功能多样性指数的差异

根据培养 72h 后的单孔光密度值计算四种森林经营模式下土壤微生物群落 Simpson 指数 (D')、Shannon-Wiener 指数 (H') 和 McIntosh 指数 (U)（表 8-6）。Simpson 指数 (D') 可反映微生物群落的优势度，四种森林经营模式的 Simpson 指数为无干扰森林经营模式 > 调整育林法森林经营模式≈目标树森林经营模式 > 粗放森林经营模式，除目标树森林经营模式和调整育林法森林经营模式两种模式之间无显著性差异外，其他均存在显著性差异（$p<0.05$）。Shannon-Wiener 指数 (H') 对物种丰富度敏感，可评估微生物群落物种丰富度，四种森林经营模式中，无干扰森林经营模式的 Shannon-Wiener 指数最高，表明无干扰森林经营模式下土壤微生物群落的物种种类最多，粗放森林经营模式最低且与其他三种模式差异显著（$p<0.05$），目标树森林经营模式和调整育林法森林经营模式之间微生物群落的物种数目差别不显著（$p>0.05$）。McIntosh 指数 (U) 能度量微生物群落均匀度，粗放森林经营模式的 McIntosh 指数最低且与其他三种模式差异显著（$p<0.05$），说明粗放森林经营模式的土壤微生物群落均匀度较低，而目标树森林经营模式、调整育林法森林经营模式和无干扰森林经营模式之间没有显著差别（$p>0.05$）。

表 8-6 四种森林经营模式林分土壤微生物群落功能多样性指数

森林经营模式	Simpson 指数（D'）	Shannon-Wiener 指数（H'）	McIntosh 指数（U）
FM1	0.89 ± 0.032c	2.41 ± 0.052c	1.32 ± 0.205b
FM2	0.94 ± 0.034b	2.95 ± 0.045ab	3.72 ± 0.087a
FM3	0.94 ± 0.053b	2.92 ± 0.075b	3.77 ± 0.143a
FM4	0.95 ± 0.042a	3.04 ± 0.067a	4.28 ± 0.682a

8.4 结论与讨论

（1）土壤微生物数量的影响分析

细菌、放线菌、真菌是土壤微生物的主要组成部分，是生态系统中的主要分解者，在大多数土壤中，细菌的数量最多，放线菌数量次之，真菌数量最少（胡亚林等，2006）。本研究也发现了这一特点，在四种森林经营模式林分土壤中细菌的数量均是最多的，都达到总数的 80% 以上，而真菌数量最少；范瑞英等（2014）和李君剑等（2007）对我国东北地区典型次生林土壤中可培养微生物群落的研究也都发现了细菌数量 > 放线菌数量 > 真菌数量。此外，本研究发现四种林分 0 ~ 20cm 土层中土壤细菌、放线菌、真菌的数量及微生物总数均显著多于 20 ~ 40cm 土层（$p<0.05$），表明土壤微生物数量在垂直分布上差异显著，这与姜海燕（2010）、于洋等（2011）的研究结果一致，这可能与土壤环境因子、养分及林地凋落物在土壤剖面上的分布有关（Grriorse and Wilson，1988；李志辉等，2000）。

不同森林经营模式对东北天然次生林土壤微生物数量具有一定的影响（表 8-1）。无干扰森林经营模式林分 0 ～ 20cm 和 20 ～ 40cm 土层，土壤细菌数量和微生物总数均是最多的，且与粗放森林经营模式、目标树森林经营模式、调整育林法森林经营模式三种森林经营模式之间存在显著差异（$p<0.05$），而粗放森林经营模式、目标树森林经营模式、调整育林法森林经营模式之间细菌数量和微生物总数则没有显著差别（$p>0.05$）。四种森林经营模式林分土壤放线菌数量在 0 ～ 20cm 土层中无显著差异（$p>0.05$）；在 20 ～ 40cm 土层，粗放森林经营模式林分土壤放线菌数量最少，目标树森林经营模式、调整育林法森林经营模式、无干扰森林经营模式之间则无显著差异（$p>0.05$）。真菌数量在粗放森林经营模式林分土壤中最多，而在目标树森林经营模式、调整育林法森林经营模式、无干扰森林经营模式三种林分土壤中差异不显著（$p>0.05$）。四种森林经营模式林分土壤微生物数量上的这些差异，可能是由不同的采伐抚育措施引起的。粗放森林经营模式一直维持着较高强度（30% ～ 40%）的采伐，人为干扰强烈；目标树森林经营模式采伐强度较小（20%左右），且对目标树种采取了较好的抚育措施；调整育林法森林经营模式在采伐的同时引进了调整树种，很好地维持了林内生境；无干扰森林经营模式基本无人为干扰和采伐。森林的不同经营措施，直接影响着林地结构和植被分布，从而对土壤的生物和非生物环境产生影响（王成良等，2007；李娜等，2012）。不同森林类型土壤微生物数量对森林经营模式的响应不同，冯保平等（2009）的研究发现，人为干扰和采伐会显著减少兴安落叶松原始林土壤细菌、放线菌的数量，但对真菌影响不大；而杨鲁（2008）对巨尾桉林的研究则发现了不同的变化规律，采伐样地中土壤细菌、放线菌、真菌数量及微生物总数均要多于未采伐样地。

通径分析的结果表明（表 8-2），土壤有机碳、碱解氮和速效钾是影响四种森林经营模式下东北天然次生林土壤细菌数量的主要因子；土壤放线菌数量主要受土壤有机碳影响；而土壤真菌的主要影响因子是土壤有机碳和土壤酸碱度。土壤化学性质与土壤微生物数量密切相关，但在不同生境土壤中，影响微生物数量的主要因子存在差异。张桂荣和李敏（2007）研究发现，碱解氮、速效钾等速效养分及土壤有机质是影响李 – 草人工生态系统土壤细菌数量的主要因子；王岳坤和洪葵（2005）对红树林的研究发现，其土壤细菌和放线菌数量主要受土壤酸碱度的影响；而伍丽等（2011）的研究则发现，在茶树根际土壤中，速效磷和土壤酸碱度是影响土壤细菌和真菌数量的主要因子，但土壤有机质对细菌数量影响较小。

（2）土壤微生物生物量的影响分析

在四种东北天然次生林经营模式中，土壤微生物生物量碳、土壤微生物生物量氮及土壤微生物生物量磷含量均在土层深度上表现显著差异（$p<0.05$），上层土壤（0 ～ 20cm）均显著高于下层土壤（0 ～ 20cm），这与李胜蓝等（2014）和 Wen 等（2014）的研究结果一致。此外，虽然上层土壤有机碳、全氮、全磷含量及土壤微生物生物量均相对较高（表 6-2，图 8-1），但土壤深度却对土壤微生物熵没有显著影响（粗放森林经营模式微生物碳熵除外，图 8-2），这可能是因为表层土壤更偏向于利用凋落物中养分，而深层土壤则主要利用土壤有机质中的养分（Feng et al.，2009）。

邱雷等（2013）对徐州侧柏人工林的研究发现，间伐强度小于40%时，会提高土壤微生物生物量含量和微生物熵。四种天然次生林经营模式中粗放森林经营模式一直采取最大的间伐抚育措施，但最大的间伐强度也仅为30%～40%，所以粗放森林经营模式林分土壤微生物生物量及土壤微生物碳熵和氮熵均是最高的。目标树和调整育林法两种森林经营模式也有一定的间伐抚育措施，但目标树森林经营模式间伐强度较小（20%），且对目标树种进行了很好的保育，调整育林法森林经营模式在间伐后引进了调整树种，均很好地维持了林地结构，从而导致两种森林经营模式之间土壤微生物生物量和土壤微生物熵整体差异不显著。无干扰森林经营模式虽然一直在自然条件下生长，基本无人为干扰，但目标树森林经营模式和调整育林法森林经营模式最近的一次间伐时间也是在2006年，时间削弱了间伐抚育措施对土壤微生物生物量和土壤微生物熵的影响。

土壤微生物要完成自生细胞的构成必须要从土壤中吸收一定的碳素和氮素，所以土壤有机碳和全氮含量影响着土壤微生物生物量的积累（Jia et al.，2005；叶莹莹等，2015）。通径分析的结果表明（表8-3），土壤有机碳是影响四种森林经营模式下东北天然次生林土壤微生物生物量碳、土壤微生物生物量氮和土壤微生物生物量磷的主要因子，全氮是影响土壤微生物生物量碳和微生物生物量氮的主要因子，碱解氮也影响着土壤微生物生物量的积累。土壤微生物生物量磷是土壤磷素循环的重要中间枢纽（龚伟等，2005），所以全磷对土壤微生物生物量磷也具有重要影响。

（3）土壤微生物功能多样性的影响分析

Biolog-Eco微平板上有31种不同碳源，不同微生物群落对碳源的整体利用存在差异，这种差异最直观地反映在AWCD值的变化上。一般情况下，AWCD值变化较大的微生物群落对碳源的利用能力较强（Garland，1997）。东北天然次生林不同森林经营模式下林地土壤（0～20cm）在168h培养的各时期土壤微生物群落的AWCD值均为无干扰森林经营模式＞目标树森林经营模式或调整育林法森林经营模式＞粗放森林经营模式，说明无干扰森林经营模式林分土壤微生物对碳源的利用能力最强，而粗放森林经营模式林分的土壤微生物碳源利用能力最弱，目标树和调整育林法两种森林经营模式林分间土壤微生物碳源利用能力没有太大差异。进一步将31种碳源分为六类进行分析，结果表明，四种东北天然次生林经营模式土壤微生物对胺类碳源利用率最高，粗放森林经营模式对六类碳源的利用程度相较于其他三种模式均较低，四种森林经营模式土壤微生物对六类碳源利用的差异主要是由氨基酸类、糖类及其他类引起的。对培养72h的单孔光密度值（AWCD）主成分（PC_1和PC_2）得分的方差分析也表明，粗放森林经营模式显著小于其他三种森林经营模式（$p<0.05$），进而说明粗放森林经营模式土壤微生物碳源利用能力最低；同时主成分分析的因子载荷值揭示了影响四种森林经营模式林分土壤微生物碳源利用差异的主要有24种碳源（表8-4），而其余七种碳源（L-苯基丙氨酸、L-苏氨酸、α-D-乳糖、i-赤藓糖醇、2-羟基苯甲酸、α-丁酮酸、肝糖）则影响较小。

影响土壤微生物碳源种类利用的因素较多，如土壤的理化性质（黎宁等，2006）、时空变化（孟庆杰等，2008）、凋落物状况（陈法霖等，2011）及地上植被类型等（Zheng et al.，2005；吴则焰等，2013b）。本研究对东北天然次生林四种森林经营模式下土壤微生物碳源种类利用与土壤化学性质的冗余分析（RDA）表明，土壤化学性质显著影响着东北天然次生林土壤微生物的碳源利用，其中，碱解氮、速效钾、速效磷、有机碳和碳氮比是主要的影响因子。速效养分能够被土壤微生物直接吸收转化，因而微生物对土壤中速效养分的改变更为敏感，一些研究也表明，碱解氮、速效磷、速效钾含量均会影响微生物群落的代谢活性（田秋阳等，2012；王芸等，2012；王利利等，2013）。土壤微生物要完成自身的构成，必须要吸收一定的碳素和氮素，因而土壤有机碳含量和碳氮比也会对微生物群落产生一定影响（Brant et al.，2006；王利利等，2013）。

有研究表明，林木的采伐对森林土壤微生物群落的遗传（Jiang et al.，2012；龙涛等，2013）、结构（Chatterjee et al.，2008；Hynes and Germida，2013）和功能（Giai and Boerner，2007）多样性具有显著影响。由表 8-6 可知，粗放森林经营模式的各多样性指数均最小，且与其他三种模式存在显著差异，这可能与粗放森林经营模式的目的是以获取木材产量为主、采伐强度大有直接关系；无干扰森林经营模式基本没有人为的采伐等干扰，林内的各种生物与非生物环境相对稳定，导致其土壤微生物群落功能多样性是四种模式中最高的；目标树和调整育林法两种森林经营模式虽然都有不同程度的间伐，但采伐具有很强的选择性（采伐干扰树种）或者改变了林分树种组成（引进当地珍贵阔叶树种），较好地维持了林内生境。有研究发现，采伐会影响森林的植被组成、凋落物及土壤的理化性质等（胡小飞等，2008），而植被的多样性、凋落物及土壤理化性质均会影响土壤微生物的多样性（Liu et al.，2008；Prevost-Boure et al.，2011）。Chen 等（2015）的研究也证实了采伐显著影响杉木人工林土壤微生物功能多样性，而低强度采伐的杉木林由于植被多样性的增加，从而提高了土壤微生物功能多样性。

第9章 木材收获和木质林产品碳储量影响

9.1 蓄积量与收获量

四种森林经营模式主要树种单位面积蓄积量和木材收获量见表9-1。单位面积蓄积量分别为196.44 m^3/hm^2（粗放森林经营模式）、184.61 m^3/hm^2（目标树森林经营模式）、237.97 m^3/hm^2（调整育林法森林经营模式）、180.94 m^3/hm^2（无干扰森林经营模式），单位面积蓄积量排序为调整育林法森林经营模式 > 粗放森林经营模式 > 目标树森林经营模式 > 无干扰森林经营模式；单位面积木材收获量分别为133.06 m^3/hm^2（粗放森林经营模式）、139.44 m^3/hm^2（目标树森林经营模式）、160.73 m^3/hm^2（调整育林法森林经营模式）、133.58 m^3/hm^2（无干扰森林经营模式），单位面积木材收获量排序为调整育林法森林经营模式 > 目标树森林经营模式 > 无干扰森林经营模式 > 粗放森林经营模式。调整育林法森林经营模式单位面积木材蓄积量和收获量都显著高于其他三种森林经营模式（$p<0.05$），其他三种森林经营模式之间无显著差异。

表 9-1　不同森林经营模式主要树种单位面积蓄积量和木材收获量　（单位：m^3/hm^2）

森林经营模式	FM1		FM2		FM3		FM4	
	蓄积量	木材收获量	蓄积量	木材收获量	蓄积量	木材收获量	蓄积量	木材收获量
红松	54.65	41.99	121.25	94.44	36.74	27.79	74.87	57.81
臭冷杉	30.07	21.71	37.70	28.22	26.69	19.93	75.13	55.91
色木槭	20.12	10.93	3.93	2.22	34.15	23.62	3.99	2.15
椴树	22.23	13.92	2.39	1.48	42.60	28.10	3.94	2.69
水曲柳	7.03	4.65	6.77	4.55	27.04	17.66	0.39	0.20
桦树	36.41	24.02	5.06	3.27	2.72	1.70	13.92	9.67
榆树	8.72	5.64	7.51	5.26	3.55	2.24	3.88	2.50
黄檗	1.27	0.84	0.00	0.00	23.87	16.30	0.00	0.00
蒙古栎	3.88	2.75	0.00	0.00	6.64	4.67	0.00	0.00
核桃楸	0.00	0.00	0.00	0.00	12.39	8.45	0.63	0.37
其他	12.06	6.61	0.00	0.00	21.58	10.27	4.19	2.28
总计	196.44 ± 25.13a	133.06 ± 17.30a	184.61 ± 30.50a	139.44 ± 24.19a	237.97 ± 20.26b	160.73 ± 15.11b	180.94 ± 31.54a	133.58 ± 25.03a

由表9-1可知，不同森林经营模式主要树种蓄积量和木材收获量的分布各有特点，所占比例各不相同，主要树种蓄积量和木材收获量比例分别如图9-1、图9-2所示。

　　粗放森林经营模式中，红松蓄积量比例最大，约占 28%，其次是桦树，约占 18%，再次为臭冷杉、椴树和色木槭，分别占总蓄积量的 15%、11% 和 10%，这 5 种树种蓄积量之和占该模式总蓄积量的 82% 以上；红松收获量比例最大，约占 32%，其次是桦树，约占 18%，再次为臭冷杉、椴树和色木槭，分别占总收获量的 16%、10% 和 8%，这 5 种树种收获量之和占该模式木材总收获量的 84% 以上。

　　目标树森林经营模式中，红松蓄积量比例最大，约占 66%，其次是臭冷杉，约占 20%，这 2 种树种蓄积之和占该模式总蓄积量的 86% 以上；红松收获量比例最大，约占 68%，其次是臭冷杉，约占 20%，这 2 种树种收获量之和占该模式木材总收获量的 88% 以上。

　　调整育林法森林经营模式中，椴树蓄积量比例最大，约占 18%，其次是红松，约占 15%，再次为色木槭、水曲柳和臭冷杉，分别占总蓄积量的 14%、11% 和 11%，这 5 种树种蓄积量之和占该模式总蓄积量的 70% 以上；椴树收获量比例最大，约占 18%，其次是红松，约占 17%，再次为色木槭、臭冷杉和水曲柳，分别占总收获量的 15%、12% 和 11%，这 5 种树种收获量之和占该模式木材总收获量的 73% 以上。

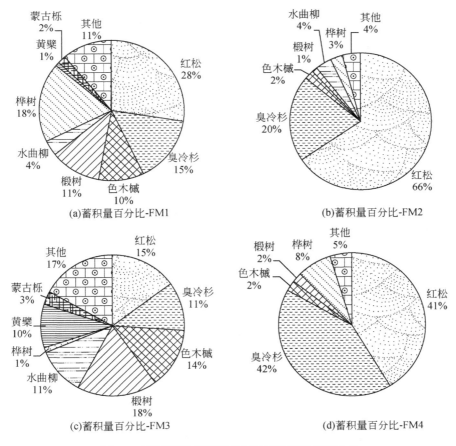

图 9-1　不同森林经营模式主要树种蓄积量百分比

注：图中其他项包括表中核桃楸及其他主要树种等，余同

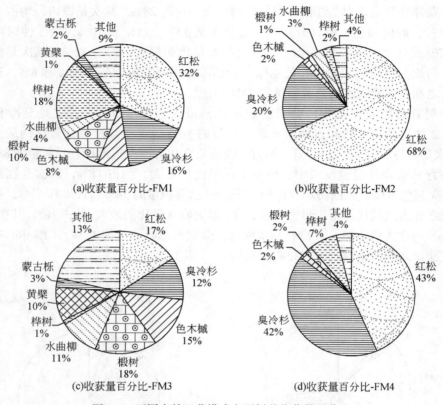

图 9-2　不同森林经营模式主要树种收获量百分比

无干扰森林经营模式中，臭冷杉和红松蓄积量比例最大，分别占 42% 和 41%，这 2 种树种蓄积之和占该模式总蓄积量的 83% 以上；红松和臭冷杉收获量比例最大，分别占 43% 和 42%，这 2 种树种收获量之和占该模式木材总收获量的 85% 以上。

由图 9-1、图 9-2 可知：①无干扰森林经营模式和目标树森林经营模式以红松和臭冷杉为主，其他树种占比非常小，相比之下，粗放森林经营模式和调整育林法经营主要树种蓄积量和收获量百分比相对比较均衡。②调整育林法森林经营模式最突出的特点是促进了针叶、阔叶树种的均衡生长。蓄积量和收获量比例最大的不是红松，而是椴树，说明调整育林法森林经营模式培育阔叶树的经营目标初见成效，该模式下色木槭、水曲柳、黄檗等阔叶树种比例较大，是所选四种模式下最有利于阔叶树生长的模式。③粗放森林经营模式也有利于阔叶树种的生长，但与调整育林法森林经营模式又有着明显不同，红松在蓄积量和收获量上仍占有重要的地位，这两项指标都在 30% 左右，其余树种臭冷杉、椴树、桦树、色木槭也有不小的比例，但都不足 20%。④目标树森林经营模式最突出的特点是红松的蓄积量和收获量比例约占 65% 以上，臭冷杉在 20% 左右，其余树种不足 15%。如果以培育红松为经营目标，目标树森林经营模式无疑是最有利的模式。⑤无干扰森林经营模式中，红松和臭冷杉所占比例都在 40% 左右，其他树种不足 20%，说明在未经任何人为干扰的前提下，优势生长的树种是红松和臭冷杉。

9.2　乔木层地上碳储量

四种森林经营模式生物量和碳储量之间存在明显的差异（表 9-2）。单位面积生物量排序为目标树森林经营模式（221.40 t/hm²）＞无干扰森林经营模式（168.01 t/hm²）＞调整育林法森林经营模式（155.11 t/hm²）＞粗放森林经营模式（148.33 t/hm²）。碳储量排序为目标树森林经营模式（97.42 t/hm²）＞无干扰森林经营模式（73.92 t/hm²）＞调整育林法森林经营模式（68.25 t/hm²）＞粗放森林经营模式（65.26 t/hm²）。目标树森林经营模式单位面积生物量和碳储量与其他三种森林经营模式之间存在显著差异（$p<0.05$），其他三种森林经营模式之间无显著差异。

表 9-2　不同森林经营模式主要树种碳储量及总量　　　　（单位：t/hm²）

森林经营模式	FM1		FM2		FM3		FM4	
	生物量	碳储量	生物量	碳储量	生物量	碳储量	生物量	碳储量
红松	71.10	31.28	183.19	80.61	46.18	20.32	103.81	45.67
臭冷杉	14.56	6.41	22.35	9.83	15.18	6.68	43.55	19.16
色木槭	15.53	6.83	3.28	1.44	36.38	16.01	3.35	1.48
椴树	7.31	3.21	0.80	0.35	18.21	8.01	1.56	0.69
水曲柳	2.22	0.98	2.41	1.06	8.32	3.66	0.05	0.02
桦树	22.53	9.91	3.17	1.40	1.48	0.65	11.66	5.13
榆树	7.87	3.46	6.20	2.73	3.03	1.33	3.03	1.33
黄檗	0.38	0.17	0.00	0.00	9.19	4.05	0.00	0.00
蒙古栎	3.23	1.42	0.00	0.00	4.75	2.09	0.00	0.00
核桃楸	0.00	0.00	0.00	0.00	4.51	1.98	0.11	0.05
其他	3.60	1.59	0.00	0.00	7.88	3.47	0.89	0.39
总计	148.33 ± 4.52a	65.26 ± 2.99a	221.40 ± 4.65b	97.42 ± 3.08b	155.11 ± 5.16a	68.25 ± 3.42a	168.01 ± 4.37a	73.92 ± 2.90a

不同森林经营模式主要树种乔木层地上碳储量存在差异，碳储量百分比分布如图 9-3 所示。四种森林经营模式总碳储量中，红松所占的比例分别为 48%、83%、30%、62%。粗放森林经营模式 FM1 中，红松碳储量比例最大，其次是桦树和色木槭，分别占总碳储量的 15% 和 10%，这 3 种树种碳储量之和占该模式总碳储量的 73% 以上。目标树森林经营模式 FM2 中，红松碳储量比例最大，其次是臭冷杉，这 2 种树种碳储量之和占该模式总碳储量的 92% 以上。调整育林法森林经营模式 FM3 中，红松碳储量比例最大，其次是色木槭，约占 23%，再次为椴树和臭冷杉，分别为 12% 和 10%，这 4 种树种碳储量之和

占该模式总碳储量的 76% 左右。无干扰森林经营模式 FM4 中，红松碳储量比例最大，其次是臭冷杉，这两种树种碳储量之和占该模式总碳储量接近 88%。

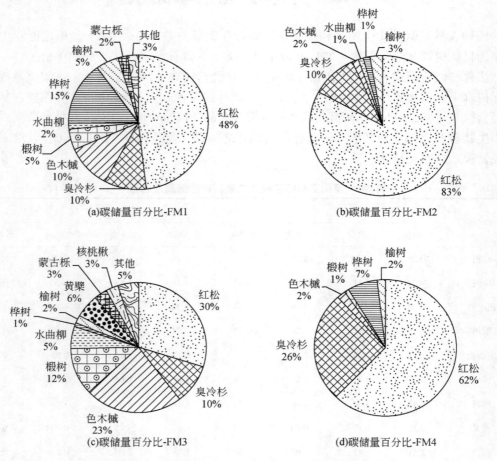

图 9-3　不同森林经营模式主要树种乔木层地上碳储量百分比

　　碳储量的分布差异与各森林经营模式的经营目标有关，与蓄积量和木材收获量的分布特征相似，不同模式各有各的特点：①四种森林经营模式下，红松都是碳储量最高的树种。与蓄积量和收获量相比，红松作为优势碳汇树种的作用更加突出。②粗放森林经营模式红松的蓄积量百分比为 28%，而碳储量百分比增长至 48%。桦树、臭冷杉碳储量百分比较蓄积量都有明显下降，但仍是碳储量相对较大的树种。不同树种碳汇能力各异。③目标树森林经营模式中红松碳储量是四种森林经营模式中最高的，远超其他三种模式。臭冷杉蓄积量百分比为 20%，而碳储量百分比只有 10%，下降了近一半。其他树种不足 10%。④调整育林法森林经营模式红松蓄积量百分比为 15%，碳储量百分比增长至 30%。色木槭蓄积量百分比是 14%，碳储量百分比上升至 23%。水曲柳、椴树和臭冷杉的碳储量百分比较蓄积量也有不同程度的下降。红松的蓄积量和木材收获量百分比虽略逊于椴树，但碳储量约为椴树的 2.5 倍。⑤无干扰森林经营模式中，除红松外，臭冷杉是比例最大的树种。红松的蓄积量百分比为 41%，而碳储量上升至 62%。臭冷杉蓄积量百分比为 42%，而碳储量下降至 26%。

9.3　木质林产品碳储量

9.3.1　木质林产品用途

通过走访、调查丹清河周边木材市场和加工厂、林场的相关专家和技术人员，了解到丹清河的木材主要用作锯材、人造板和家具，其他用途很少，人造板中以胶合板为主。不同树种的主要用途见表 9-3。

表 9-3　丹清河主要采伐树种用途

树种	主要的木质林产品用途	树种	主要的木质林产品用途
红松	纤维板或家具	臭冷杉	原木或胶合板
色木槭	家具	云杉	原木
椴树	以胶合板为主，少量家具	榆树	家具
桦树	人造板	蒙古栎	胶合板或家具，少量纸制品
山杨	锯材		

9.3.2　木质林产品碳储量估算

在走访专家、市场调查得到基础数据的基础上，分析和整理产品用途和含碳率，估算丹清河四种森林经营模式下木质林产品碳储量。木质林产品碳储量排序为粗放森林经营模式（28t/hm^2）＞调整育林法森林经营模式（26t/hm^2）＞目标树森林经营模式（18t/hm^2）＞无干扰森林经营模式（0t/hm^2）。不同森林经营模式的木质林产品碳储量主要是由森林经营模式的采伐强度决定的。除无干扰森林经营模式之外，目标树森林经营模式采伐强度最小（20%），木质林产品碳储量最小，而粗放森林经营模式采伐强度大（30%～40%），木质林产品碳储量最大。

9.4　不同森林经营模式对多目标经营的影响

单位面积木材收获量、乔木层地上碳储量、木质林产品碳储量及总碳储量在四种森林经营模式间排序并不一致，如图 9-4 所示。

粗放森林经营模式中，当前状态下，木材收获量和乔木层地上碳储量最少。由于砍伐强度大，木质林产品碳储量最高，总碳储量优于无干扰森林经营模式，而次于目标树森林经营模式和调整育林法森林经营模式。

目标树森林经营模式中，木材收获量次于调整育林法，乔木层地上碳储量最多。由于砍伐强度较小，木质林产品碳储量比粗放森林经营模式和调整育林法森林经营模式少，但总碳储量最高。

调整育林法森林经营模式中，木材收获量最多，乔木层地上碳储量较少，仅优于粗放森林经营模式，砍伐强度较大，木质林产品碳储量仅次于粗放森林经营模式，居第二位，总碳储量仅次于目标树森林经营模式，居第二位。

无干扰森林经营模式中，木材收获量较少，仅略大于粗放森林经营模式，乔木层地上碳储量较高，仅次于目标树森林经营模式，无木质林产品碳储量，总碳储量最低。

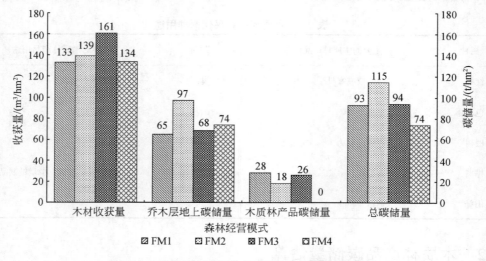

图 9-4　不同森林经营模式不同经营目标经营状况

在碳储量构成上，不同森林经营模式的乔木层和木质林产品中的碳储量有差别。除无干扰森林经营模式外，目标树森林经营模式乔木层地上碳储量在总碳储量中所占的百分比最高，为 84%，调整育林法森林经营模式乔木层地上碳储量占比为 72%，粗放森林经营模式乔木层地上碳储量占比为 70%。

9.5　结论与讨论

四种森林经营模式当前状态下，调整育林法森林经营模式显著地提高了林分的蓄积量和木材收获量，明显优于其他森林经营模式；粗放森林经营模式虽然蓄积量较大，但木材收获量最小，说明该模式生长的树木成材率较低，主干蓄积量相对较少；目标树森林经营模式的蓄积量小于粗放森林经营模式，但木材收获量却大于粗放森林经营模式，说明目标树森林经营模式促进了林木木材收获量的增加，提高了林分生长率；粗放森林经营模式木材收获量最小，说明该模式是最不利于木材生产的模式。总体来说，替代性森林经营（目标树森林经营模式和调整育林法经营模式）在一定程度上优于粗放森林经营模式和无干扰森林经营模式。

　　调整育林法森林经营模式和目标树森林经营模式可以提高森林质量，加快蓄积生长，是一种切实可行的改造低质林分的经营方式。何友均等（2013）对东北天然次生林做过类似研究，得出针叶林林分木材收获量在 200 ～ 300 m^3/hm^2，阔叶林在 70 ～ 150 m^3/hm^2，针阔混交林在 280 ～ 380 m^3/hm^2，本研究得出的数值高于阔叶林的收获量，但小于针叶林和针阔混交林收获量，两项研究所选的森林经营模式不同，且在经营措施（采伐强度、采伐时间）上不同，导致估算结果有所差异。

　　对不同森林经营模式主要树种的分析可知：调整育林法森林经营模式相对于其他模式，蓄积量、收获量和碳储量在主要树种间的分布相对比较均衡，促进了针叶、阔叶树种的均衡生长；目标树森林经营模式中红松占绝对性地位，是最有利于培育红松的模式。这与各森林经营模式的经营措施有关。粗放森林经营模式"砍大留小、砍好留坏"，间伐去除了生长状态好、径级较大的树木，破坏了林分天然更新；而目标树森林经营模式以具有培育价值的红松作为目标树，伐除了影响其生长的非目标树种和生长过密、生长不良及感染病虫害的病腐木；调整育林法通过补植珍贵、优质树种，提高了优质树种比例和林木生长量。

　　四种森林经营模式乔木层地上碳储量以目标树森林经营模式为最高，为 97.42 t/hm^2，粗放森林经营模式最低，为 65.26 t/hm^2。说明目标树森林经营模式有利于促进林分木材收获及林分地上碳储量的增加，有效地实现了木材收获与碳汇功能的最大化。目标树森林经营模式加强了管理，清理了部分灌木和草本，促进了乔木的生长，从而有利于地上碳储量的增加。粗放森林经营模式会造成林地内较大的林窗，有利于喜光灌木和草本的生长，挤占乔木生长的资源和空间，造成乔木层地上碳储量较少。何友均等（2013）研究发现，东北天然次生林乔木层碳储量以目标树森林经营模式最佳，地上碳储量在 43 ～ 54 t/hm^2，本研究得出的结果相对较高，主要原因是这两项研究所采用的碳储量计算方法不同，本研究采用的是生物量与碳储量转换系数为 0.44，何友均等（2013）采用的是实验室测得的不同树种各器官碳含量；范春楠（2014）的研究表明，吉林省森林乔木层碳储量为 38 ～ 85 t/hm^2，按照地下根部约占 30% 计算，乔木层地上碳储量在 27 ～ 60 t/hm^2，比本研究的结果偏小，主要与不同地区的林分生产力有关；李峰等（2011）认为，2010 年黑龙江全省林木碳储量约为 8.08 亿 t，单位面积林木碳储量约为 38 t/hm^2，较本研究的结果数值低。本研究得出地上碳储量高于其他研究地上平均碳储量的结果，主要是本试验地林分平均林龄接近 100 年，属于成熟林分，与一般林分相比，碳储量较高。

　　红松是最有优势的碳汇树种，色木槭也在一定程度上有利于提高森林碳汇，而桦树、臭冷杉、椴树等树种碳汇能力相对较弱。根据研究结果，可知不同树种碳汇能力具有一定的差异性，据此可以挑选出最适合黑龙江省碳汇造林的高碳汇树种，发展碳汇林业要因地制宜地选择树种，对混交方式和生物产量等进行合理规划。

第 10 章　木材和碳汇价值影响与模拟预测

10.1　静态结果分析

10.1.1　木材生产价值

10.1.1.1　木材收获收入

由表10-1可以看出，现有林单位面积木材收获收入排序为目标树森林经营模式（169234元 /hm²）>调整育林法森林经营模式（166875元 /hm²）>无干扰森林经营模式（152656元 /hm²）>粗放森林经营模式（140887元 /hm²）。粗放森林经营模式木材收获收入最少，与目标树森林经营模式、调整育林法森林经营模式存在明显的差异（$p<0.05$）；目标树森林经营模式与调整育林法森林经营模式无显著差异；无干扰森林经营模式与其他三种森林经营模式无显著差异。相对于无干扰森林经营模式，目标树森林经营模式木材收获收入高出 10.86%，调整育林法森林经营模式高出 9.31%，粗放森林经营模式低 7.71%。

表 10-1　不同森林经营模式单位面积木材收获量和收获收入

主要树种	FM1		FM2		FM3		FM4	
	收获量 (m³/hm²)	收入 (元 /hm²)	收获量 (m³/hm²)	收入 (元 /hm²)	收获量 (m³/hm²)	收入 (元 /hm²)	收获量 (m³/hm²)	收入 (元 /hm²)
红松	41.99	55 283	94.44	126 123	27.79	29 535	57.81	76 440
臭冷杉	21.71	21 375	28.22	25 369	19.93	20 298	55.91	56 727
色木槭	10.93	9 978	2.22	1 976	23.62	25 148	2.15	1 889
椴树	13.92	13 059	1.48	1 252	28.10	27 744	2.69	3 368
水曲柳	4.65	2 788	4.55	2 730	17.66	10 595	0.20	120
桦树	24.02	23 083	3.27	3 192	1.70	1 624	9.67	10 286
榆树	5.64	5 474	5.26	5 101	2.24	2 170	2.50	2 422
黄檗	0.84	1 433	0.00	0.00	16.30	29 103	0.00	0.00
蒙古栎	2.75	5 396	0.00	0.00	4.67	9 158	0.00	0.00
核桃楸	0.00	0.00	0.00	0.00	8.45	8 193	0.37	355
其他	6.61	3 018	0.00	3 491	10.27	3 307	2.28	1 049
总计	133.06	140 887 ± 203a	139.44	169 234 ± 198b	160.73	166 875 ± 224b	133.58	152 656 ± 257ab

由表 10-1 可知，不同森林经营模式主要树种木材收获收入的分布各有特点，所占比例各不相同，主要树种木材收获收入分布如图 10-1 所示。

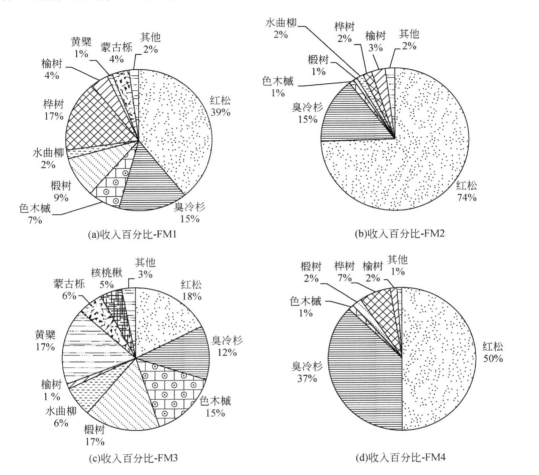

图 10-1　不同经营模式主要树种收获收入百分比

粗放森林经营模式中，红松收获收入最高，约占该模式木材收获收入的 39%，其次是桦树和臭冷杉，约占 17% 和 15%，再次椴树和色木槭，分别占总收获收入的 9% 和 7%，这 5 种树种收获收入之和占该模式总收入的 87% 以上。

目标树森林经营模式中，红松收获收入最高，约占该模式木材收获收入的 74%，其次是臭冷杉，约占 15%，这 2 种树种收获收入之和占该模式总收入的 89%。

调整育林法森林经营模式中，红松、黄檗和椴树收获收入最高，约占该模式木材收获收入的 18%、17% 和 17%，其次是色木槭和臭冷杉，分别约占 15% 和 12%，这 5 种树种收获收入之和占该模式总收入的 79% 以上。

无干扰森林经营模式中，红松收获收入最高，约占该模式木材收获收入的 50%，其次是臭冷杉，约占 37%，这 2 种树种收获收入之和占该模式总收入的 87% 以上。

由图 10-1 可知：①无干扰森林经营模式和目标树森林经营模式收获收入以红松和臭冷杉为主，其他树种占比非常小，相比之下，粗放森林经营模式和调整育林法森林经营模式除红松和臭冷杉外，椴树、色木槭、黄檗等阔叶树种收获收入百分比也较高。②粗放森林经营模式红松收获量百分比为 32%，而收入百分比增长至 39%。桦树、臭冷杉、椴树、色木槭价值百分比较收获量都有所下降，但仍是收入百分比相对较大的树种。③目标树森林经营模式中红松收入百分比是四种森林经营模式中最高的，远超出其他三种模式。臭冷杉收获量百分比为 20%，收入百分比为 15%。其他树种不足 12%。④调整育林法森林经营模式红松、色木槭、椴树、臭冷杉的收获量和收入百分比不相上下，水曲柳收入百分比较收获量有所下降，黄檗的收入百分比达到 17%，较 10% 的收获量百分比有明显的增加。⑤无干扰森林经营模式中，除红松外，臭冷杉是比例最大的树种。红松的收获量百分比为 43%，而收入百分比上升至 50%。臭冷杉收获量百分比为 42%，而收入百分比下降至 37%。由以上分析可知，同等收获量条件下，红松、黄檗等树种收入较高，臭冷杉、水曲柳等树种收入较低。

10.1.1.2　木材生产价值

木材生产价值指进行木材生产活动而获得的净收益，由木材收获收入加上间伐收入扣除经营成本获得。成本是该经营模式已经发生的支出，这项支出是至今为止发生的现金流量，在计算价值时，将各项成本按照净现值原理折算到 2012 年。表 10-2 给出了以 2012 年为基期，四种森林经营模式木材收获收入、成本、间伐收入及木材生产价值。

表 10-2　不同森林经营模式下木材生产价值　　　　　　（单位：元 /hm²）

森林经营模式	木材收获收入	成本	间伐收入	木材生产价值
FM1	140 887	56 080	126 156	210 963
FM2	169 234	42 970	88 453	214 717
FM3	166 875	49 005	83 884	201 753
FM4	152 656	1 023	0	151 633

由表 10-2 可知，四种森林经营模式木材生产价值排序为目标树森林经营模式（214717 元 /hm²）＞粗放森林经营模式（210963 元 /hm²）＞调整育林法森林经营模式（201753 元 /hm²）＞无干扰森林经营模式（151633 元 /hm²），无干扰森林经营模式木材生产价值最小，其他 3 种模式差别较小。粗放森林经营模式木材收获收入最低，成本最高，但间伐收入最高；目标树森林经营模式木材收获收入价值最高，成本现值较低，间伐收入比粗放森林经营模式低；调整育林法森林经营模式木材收获收入价值较高，成本现值较高，间伐收入较低；无干扰森林经营模式木材收获收入价值较低，成本最低，无间伐收入。

10.1.2　碳汇价值

根据以上提出的计算思路和方法，结合 2012 年野外调研数据，计算出丹清河四种森林经营模式单位面积的碳汇价值（表 10-3）。

表 10-3　不同森林经营模式碳汇价值

碳汇价格 （元 /t C）	森林经营模式	乔木层地上碳汇价值 （元 /hm²）	木质林产品碳汇价值 （元 /hm²）	碳汇总价值 （元 /hm²）
1200	FM1	78 315	33 331	111 646
	FM2	116 905	21 120	138 025
	FM3	81 897	30 896	112 793
	FM4	88 710	0	88 710
946.5	FM1	61 771	26 290	88 061
	FM2	92 208	16 658	108 866
	FM3	64 596	24 369	88 965
	FM4	69 970	0	69 970
305	FM1	19 905	8 472	28 377
	FM2	29 713	5 368	35 081
	FM3	20 815	7 853	28 668
	FM4	22 547	0	22 547
75.72	FM1	4 942	2 103	7 045
	FM2	7 377	1 333	8 710
	FM3	5 168	1 950	7 118
	FM4	5 598	0	5 598

由表 10-3 可知，四种碳汇价格下，乔木层地上和木质林产品碳汇总价值差别很大。碳汇价格为 1200 元 /t C 时，碳汇单位面积总价值在 88 710 ~ 138 025 元 /hm²；瑞典碳税率法得出的碳汇价值在 69 970 ~ 108 866 元 /hm²；平均造林成本法得出的碳汇价值在 22 547 ~ 35 081 万元 /hm²；当前国际碳汇价格下，碳汇价值在 5598 ~ 8710 元 /hm²。

四种碳汇价格下碳汇总价值排序都为目标树森林经营模式 > 调整育林法森林经营模式 > 粗放森林经营模式 > 无干扰森林经营模式；乔木层地上碳汇价值排序为目标树森林经营模式 > 无干扰森林经营模式 > 调整育林法森林经营模式 > 粗放森林经营模式；木质林产品碳汇价值排序为目标树森林经营模式 > 调整育林法森林经营模式 > 粗放森林经营模式 > 无干扰森林经营模式。

粗放森林经营模式乔木层地上碳汇价值占碳汇总价值的 70.15%，木质林产品碳汇价值占 29.85%；目标树森林经营模式乔木层地上碳汇价值占碳汇总价值的 84.70%，木质林产品碳汇价值占 15.30%；调整育林法森林经营模式乔木层地上碳汇价值占碳汇总价值的 72.61%，木质林产品碳汇价值占 27.39%；无干扰森林经营模式无木质林产品碳汇价值。

木质林产品碳汇价值比例以粗放森林经营模式最高，其次是调整育林法森林经营模式，再次为目标树森林经营模式，该比例与不同模式下的采伐强度有关。

10.1.3 综合经济价值的估算与评价

本研究以木材生产和碳汇价值之和作为综合经济价值，碳汇价值为乔木层地上和木质林产品碳汇价值之和。图 10-2 分别给出了四种碳汇价格下四种森林经营模式下的综合经济价值。单位面积综合经济价值（考虑或不考虑木质林产品）排序皆为目标树森林经营模式 > 粗放森林经营模式 > 调整育林法森林经营模式 > 无干扰森林经营模式。而且随着碳汇价格的升高，目标树森林经营模式、粗放森林经营模式、调整育林法森林经营模式 3 种森林经营模式之间的差异越来越大；综合经济价值比例构成中，碳汇的比例越来越大。碳汇价格为 1200 元 /t C 时，目标树森林经营模式综合经济价值为 352 742 元 /hm²，粗放森林经营模式为 322 609 元 /hm²，调整育林法森林经营模式为 314 546 元 /hm²，无干扰森林经营模式为 240 343 元 /hm²。

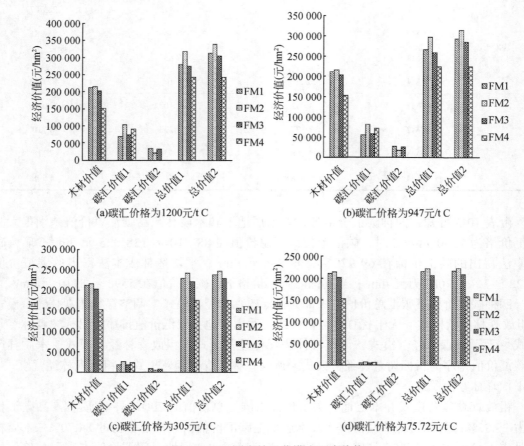

图 10-2 不同森林经营模式经济价值

不考虑木质林产品碳汇的碳汇价值记为碳汇价值 1，考虑木质林产品碳汇的碳汇价值记为碳汇价值 2，不考虑木质林产品碳汇的综合经济价值记为总价值 1，考虑木质林产品碳汇的综合经济价值记为总价值 2

粗放森林经营模式中，碳汇单价由 75.72 元/t C 变化到 1200 元/t C 后，木材生产价值在综合经济价值（包括木质林产品）中的比例由 97% 下降到 66%，乔木层地上碳汇价值比例由 2% 上升到 24%，木质林产品碳汇价值比例由 1% 上升到 10%。

目标树森林经营模式中，碳汇单价由 75.72 元/t 变化到 1200 元/t 后，木材生产价值在综合经济价值（包括木质林产品）中的比例由 96% 下降到 61%，乔木层地上碳汇价值比例由 3% 上升到 33%，木质林产品碳汇价值比例由 1% 上升到 6%。

调整育林法森林经营模式中，碳汇单价由 75.72 元/t C 变化到 1200 元/t C 后，木材生产价值在综合经济价值（包括木质林产品）中的比例由 97% 下降到 64%，乔木层地上碳汇价值比例由 2% 上升到 26%，木质林产品碳汇价值比例由 1% 上升到 10%。

无干扰森林经营模式中，碳汇单价由 75.72 元/t C 变化到 1200 元/t C 后，木材生产价值在综合经济价值（包括木质林产品）中的比例由 96% 下降到 63%，乔木层地上碳汇价值比例由 4% 上升到 37%。

10.2　一个经营周期动态综合价值分析

10.2.1　模拟期经营方案

为了从整体角度进行评价，研究不同森林经营模式一个经营周期内经济价值的差别，综合考虑木材生产与碳汇价值的动态影响。由于林分是状态相同的次生林，假定造林成本为 0；与采伐成本相比，由于森林管理成本相差很小，假设管理成本为 0；为简化计算，增强模型的可理解性，假设以 2012 年为经营周期初始点，按照当前的支出收益水平预估一个周期的经济价值。单位采伐成本由前期多次采伐的单位成本代替。

综合考虑到红松、冷杉等的生长周期，以 120 年为一个经营周期。间伐周期为 20 年，一个经营周期内间伐 5 次，期末主伐。不同森林经营模式采伐设计不同，不同采伐方式相对径阶蓄积移除比例也不同（表 10-4、表 10-5），以不同径阶移除比例作为价格的权重，确定间伐木材的价格均值。

表 10-4　不同森林经营模式具体措施　　　　　　　　　　（单位：年）

经营措施	FM1	FM2	FM3	FM4
下层疏伐	20、40	20、40	20、40	—
上层疏伐	60、80	—	60、80	—
径级择伐	—	80、100	100	—
皆伐	120	—	120	—
目标直径采伐	—	120	—	—

表 10-5　不同森林经营模式相对径阶蓄积移除比例

经营措施	RVDC1 （10 ~ 14.9cm）	RVDC2 （15 ~ 24.9cm）	RVDC3 （25 ~ 34.9cm）	RVDC4 （35 ~ 44.9cm）	RVDC5 （>45cm）
下层疏伐	10	10	10	0	0
上层疏伐	0	15	15	25	20
径级择伐	0	0	25	30	20
皆伐	100	100	100	100	100
目标直径采伐	0	0	0	20	70

10.2.2　经营周期综合价值分析

　　基于林分当前静态现状，折现率取 3%，预计 120 年经营周期内林分收获量及其经济价值，按照本研究的最高碳汇价格 1200 元 /t C，计算经营周期内的森林及采伐木质林产品碳汇价值。根据相关公式，计算得出不同森林经营模式一个经营周期内单位面积经济价值（表 10-6）。

表 10-6　不同森林经营模式一个经营周期内单位面积经济价值

经营模式	木材产量		乔木层地上碳储量		木质林产品碳储量		总价值（净现值） （元 /hm²）
	收获量 （m³/hm²）	净现值 （元 /hm²）	碳储量 （t/ hm²）	净现值 （元 /hm²）	碳储量 （t/ hm²）	净现值 （元 /hm²）	
FM1	164.52	8 432	91.10	2 987	17.60	2 684	14 103
FM2	181.72	7 412	90.28	2 960	10.34	1 644	12 016
FM3	176.72	8 806	97.72	3 204	19.99	3 062	15 072
FM4	166.57	4 053	91.43	2 998	0	0	7 051

　　当前情境下，一个周期内四种森林经营模式的木材收获量排序为目标树森林经营模式（181.72m³/hm²）> 调整育林法森林经营模式（176.72m³/hm²）> 无干扰森林经营模式（166.57m³/hm²）> 粗放森林经营模式（164.52m³/hm²）；乔木层地上碳储量排序为调整育林法森林经营模式（97.72t/hm²）> 无干扰森林经营模式（91.43t/hm²）> 粗放森林经营模式（91.10t/hm²）> 目标树森林经营模式（90.28t/hm²）；木质林产品碳储量排序为调整育林法森林经营模式（19.99t/hm²）> 粗放森林经营模式（17.60t/hm²）> 目标树森林经营模式（10.34t/hm²）> 无干扰森林经营模式（0t/hm²）。

　　一个经营周期内，四种森林经营模式单位面积的木材价值（间伐和主伐）净现值排序为调整育林法森林经营模式（8806 元 /hm²）> 粗放森林经营模式（8432 元 /hm²）> 目标树森林经营模式（7412 元 /hm²）> 无干扰森林经营模式（4053 元 /hm²）。乔木层地上碳汇价值净现值排序为调整育林法森林经营模式（3204 元 /hm²）> 无干扰森林经营模式（2998

元 /hm²）> 粗放森林经营模式（2987 元 /hm²）> 目标树森林经营模式（2960 元 /hm²）。
木质林产品单位面积碳汇价值净现值排序为调整育林法森林经营模式（3062 元 /hm²）> 粗
放森林经营模式（2684 元 /hm²）> 目标树森林经营模式（1644 元 /hm²）> 无干扰森林经
营模式（0 元 /hm²）。

　　一个经营周期内，单位面积森林总净现值排序为调整育林法森林经营模式（15 072 元
/hm²）> 粗放森林经营模式（14 103 元 /hm²）> 目标树森林经营模式（12 016 元 /hm²）>
无干扰森林经营模式（7051 元 /hm²）。

　　一个周期内，与无干扰森林经营模式相比较，调整育林法森林经营模式木材价值高出
117%，粗放森林经营模式木材价值高出 108%，目标树森林经营模式木材价值高出 83%。
说明在一个经营周期内，采伐经营有利于木材经济价值的实现，调整育林法森林经营模式
是木材经济价值最高的森林经营模式。

　　一个周期内，与无干扰森林经营模式相比较，粗放森林经营模式乔木层地上碳汇价值
低 0.37%，目标树森林经营模式价值低 1.27%，调整育林森林经营模式碳汇价值高出 6.87%，
说明调整育林法模式有利于森林碳汇价值的增加。

　　一个周期内，调整育林法森林经营模式木质林产品碳汇价值最高，约占该模式总价值
的 20%，目标树森林经营模式约占 14%，粗放森林经营模式约占 19%。

　　在考虑资金时间价值的情况下，在一个经营周期内调整育林法森林经营模式会取得最
高的经济价值，采伐强度最大的粗放森林经营模式经济价值略高于目标树森林经营模式。
且由表 10-6 可知，目标树森林经营模式收获量最大，调整育林法森林经营模式乔木层地
上碳储量和木质林产品碳储量最大，粗放森林经营模式木质林产品碳储量高于目标树森林
经营模式。

10.3　结论与讨论

　　当前森林经营已经不再单纯地追逐木材采伐收入，生态服务价值、社会文化价值等需
要也越来越成为人们的追求。可持续森林经营理念的提出对森林功能提出了新的要求，森
林应该满足人类对生物多样性、木材收获、氧气等的不同需求。本研究在四种森林经营模
式中将木材产量和碳储量作为经营目标，研究当前状态及一个经营周期动态条件下的经济
价值。

　　在东北地区可作为重要树种培育的树种有红松、云杉、落叶松、樟子松、水曲柳、核
桃楸、椴树、蒙古栎等，但红松、黄檗等市场价格较高，云杉、水曲柳等市场价格相对较低。
在我国木材市场上，优质木材与普通木材价格相差不大，而在欧洲市场，价格差距能够达
到 10 倍左右，因此，主要树种市场价格的高低对经营模式的木材生产价值具有重要影响
（Jürgen et al.，2004；周锦北，2011）。不同经营模式主要树种收获量和木材价格各不相同，
是造成不同经营模式木材生产价值差异的主要因素。

　　在四种碳汇价格下，森林经营综合价值会随着碳汇价格的升高而增加，同样也会随着
木材价格的升高而增加，随着经营成本和折现率的升高而降低。在市场条件下，碳汇价格

变动对森林经营的影响会非常显著。在应对气候变化的关键时期，国家可以通过调整碳汇价格、完善交易机制等政策手段，激励森林经营向注重碳汇效益方向发展，从而提高森林的生态效益。长周期林业生产决策时更应该考虑未来市场利率的变动，重视现金的时间价值，把握碳汇市场、木材市场的价格走向，以期更加合理地规划森林经营管理。

当前静态条件下，单位面积综合经济价值（考虑或不考虑木质林产品）排序皆为目标树森林经营模式 > 粗放森林经营模式 > 调整育林法森林经营模式 > 无干扰森林经营模式。目标树森林经营模式的木材收获量较低，但收获价值却是最高的，说明目标树森林经营模式有利于大径材的生长，尤其是红松，同样蓄积下价格更高，从而价值最大。相比之下，收获收入相差不多的调整育林法森林经营模式收获量大，价值却并非最高，该模式几种主要树种的蓄积量比例都相对较为平衡，说明培育阔叶树的同时难免会有损经济价值。粗放森林经营模式与无干扰森林经营模式收获量差异极小，但经济价值却低7.7%，粗放森林经营模式"砍大留小"的经营措施使得该模式不利于优质木材的培育。

以一个经营周期为研究对象时，净现值最大的是调整育林法森林经营模式，在木材收获、碳储量方面都取得最高的价值。与无干扰森林经营模式相比，采伐经营明显有利于木材生产价值的实现，主要是因为在较长的经营周期条件下，现金的时间价值明显。在折现率、价格等因素发生变动时，会引起四种森林经营模式净现值排序的变化。在当前的价格下，木材在经济价值中占主要的比例，木材间伐收入是影响整个周期价值的重要组成部分。虽然与目标树森林经营模式相比，粗放森林经营模式的净现值较高，但碳储量和木材收获量都不是最高的，净现值较高主要是由间伐收入的时间价值引起的。经济价值评价是森林经营模式选择的参考，决策的同时应考虑森林经营对碳汇、生态系统稳定性等功能的影响。相关研究表明，粗放森林经营模式灌木层和草本层的物种多样性低（梁星云，2013）；目标树森林经营模式对提高天然次生林林分质量具有明显的效果，在提高林分生物量、平衡生态功能方面功能显著（戎建涛等，2014）；补植阔叶树经营可以改善群落和林冠结构，在不影响生态系统稳定性的前提下，获得较好的生态效益（何友均等，2013）。

第 11 章 灵敏度分析

  假设在可以引起净现值变动的变量中，只有一个发生变化（在当前基准升高或降低），其他变量保持不变，分析净现值的变动幅度。图 11-1 和表 11-1 分别给出了木材价格变动、采伐成本变动、碳汇价格变动及折现率变动的条件下，四种森林经营模式净现值变化趋势及因子灵敏度指数。

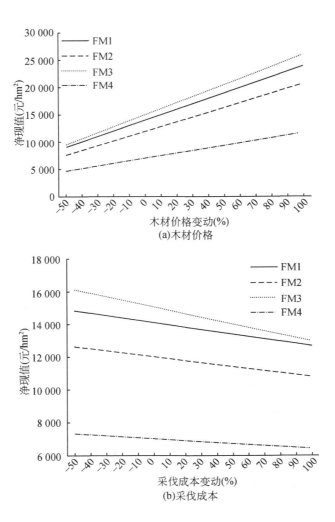

(a)木材价格

(b)采伐成本

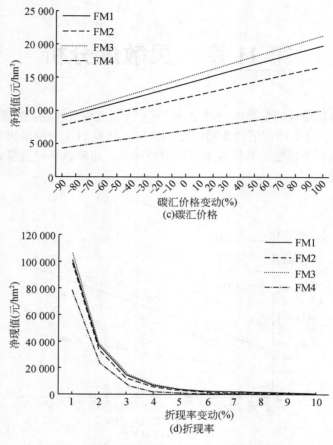

图 11-1　基于不同因子变动的净现值变化趋势

表 11-1　不同因子灵敏度指数

森林经营模式	FM1	FM2	FM3	FM4	均值
木材价格灵敏度指数	0.70	0.72	0.72	0.66	0.70
采伐成本灵敏度指数	0.10	0.10	0.14	0.08	0.11
碳汇价格灵敏度指数	0.40	0.38	0.42	0.43	0.41

11.1　木材价格灵敏度

　　木材价格受市场供求、政策、销售等多个因素的影响，合理描述未来价格的变动趋势，可以为森林采伐提供借鉴，并为提高木材价值提出可行的政策建议。随着木材价格的上升，不同森林经营模式之间的净现值差距越来越大。

　　其他因子保持不变，木材价格分别下降 50%、40%、30%、20%、10%，上升 10%、

20%、…、90%、100%，计算其净现值。由图 11-1 可知，随着木材价格的升高，会引起净现值的增加。如果木材价格下降 50%，净现值将下降 33% ~ 36%，为 4730 ~ 9622 元 / hm^2；如果木材价格上升 50%，净现值则上升 33% ~ 36%，为 9372 ~ 20 522 元 /hm^2；如果木材价格上升 100%，净现值将上升 66% ~ 72%，为 11 693 ~ 25 972 元 /hm^2。

四种森林经营模式木材价格灵敏度指数约为 0.70，目标树森林经营模式和调整育林法森林经营模式灵敏度最高（0.72），无干扰森林经营模式灵敏度最低（0.66）。说明价格变动对不同森林经营模式净现值影响程度不同，目标树森林经营模式、调整育林法森林经营模式净现值对木材价格最为敏感。

11.2　采伐成本灵敏度

森林经营涉及的成本多样，比例最大的是采伐成本，本研究只考虑净现值对采伐成本变动的敏感性。人力成本、运输成本、销售成本等的上升可能会导致木材采伐成本的上升，或科技进步、机械化发展，而引起采伐成本的下降，都有可能引起净现值的变动，从而影响经营决策。随着采伐成本的上升，各森林经营模式之间的净现值越来越接近，调整育林法森林经营模式与粗放森林经营模式、目标树森林经营模式之间的差距越来越小。采伐成本上升到一定程度（150%），粗放森林经营模式净现值将超过调整育林法森林经营模式成为收益最高的森林经营模式，说明采伐成本控制对维持正常净现值意义重大。不同采伐成本变化幅度下，不同森林经营模式净现值排序见表 11-2。

表 11-2　基于采伐成本变化的森林经营模式净现值排序

成本 c 变动幅度	不同森林经营模式净现值排序
<150%	FM3>FM1>FM2>FM4
150% ~ 350%	FM1>FM3>FM2>FM4
>350%	FM1>FM2>FM3>FM4

其他因子保持不变，采伐成本分别下降 50%、40%、30%、20%、10%，上升 10%、20%、…、90%、100%，计算其净现值。由图 11-1 可知，采伐成本的升高，会引起净现值的减少。如果采伐成本下降 50%，净现值将下降 4% ~ 7%，为 7345 ~ 16 119 元 /hm^2；如果采伐成本上升 50%，净现值则下降 4% ~ 7%，为 6756 ~ 14 025 元 /hm^2；如果采伐成本上升 100%，净现值将下降 8% ~ 14%，为 6462 ~ 12 978 元 /hm^2。

四种森林经营模式采伐成本灵敏度指数约为 0.11，调整育林法森林经营模式灵敏度最高（0.14），无干扰森林经营模式灵敏度最低（0.10）。说明采伐成本变动对不同森林经营模式的影响程度不同，调整育林法森林经营模式净现值对采伐成本变动最为敏感。

11.3 碳汇价格灵敏度

碳汇与其他商品一样，随着价格的升高，可以增加年平均碳储量（Cao et al., 2010），即随着全球碳汇交易的发展，对森林的直接影响就是更加注重碳汇价值。森林碳汇定价差异较大，本研究以 1200 元 /t C 为基准价格，研究分析在较大的变动范围内，不同模式净现值的变化。随着碳汇价格的上升，不同森林经营模式之间的差距越来越大。

其他因子保持不变，碳汇价格分别下降 90%、80%、⋯、20%、10%，上升 10%、20%、⋯、90%、100%，计算其净现值。由图 11-1 可知，净现值随碳汇价格的升高而增加。如果碳汇价格下降 50%，即 600 元 /t C，净现值将下降 19% ~ 21%，为 5552 ~ 11 939 元 /hm²；如果碳汇价格上升 50%，即 1800 元 /t C，净现值则上升 19% ~ 21%，为 8550 ~ 18 205 元 /hm²；如果碳汇价格上升 100%，即 2400 元 /t C，净现值将上升 38% ~ 43%，为 10 049 ~ 21 338 元 /hm²。

四种森林经营模式碳汇价格变动灵敏度指数约为 0.41，无干扰森林经营模式灵敏度最高（0.43），其次为调整育林法森林经营模式（0.42），目标树森林经营模式灵敏度最低（0.38）。说明碳汇价格变动对不同森林经营模式的影响程度不同，无干扰森林经营模式和调整育林法森林经营模式净现值对碳汇价格最为敏感。

11.4 折现率灵敏度

折现率是一个特殊的因子，可以直接或间接地对净现值产生影响。图 11-1 给出了折现率从 1% 增加到 10% 时，净现值的变化趋势。不难看出，折现率的微小变动会引起净现值的较大幅度变动，折现率较低时尤为突出。四种森林经营模式之间的净现值差异随着折现率的升高而减少。相比之下，净现值在低折现率水平下反应更为敏感。随着折现率的上升，各森林经营模式之间的净现值越来越接近。

由图 11-1 可知，随着折现率的升高，净现值显著下降。当折现率为 1% 时，净现值将比 3% 时增加了 5.7 ~ 9.5 倍，为 78 188 ~ 105 695 元 /hm²；当折现率为 4% 时，净现值将比 3% 时减少了 54% ~ 69%，为 2 332 ~ 7 437 元 /hm²；当折现率为 5% 时，净现值将比 3% 时减少了 76% ~ 90%，为 740 ~ 3911 元 /hm²。

与其他因子的灵敏性指数不同，折现率的敏感性指数是一个持续变动的数值，见表 11-3。当折现率上升到 7% 以上时，净现值对折现率的敏感性甚至要小于对木材价格的灵敏度，且随着折现率的上升，灵敏度越来越低。在以 3% 为基础的情况下，灵敏度指数成幂指数曲线变动，折现率越高，四种森林经营模式的灵敏度指数越接近。其中，无干扰森林经营模式对折现率敏感性最高，其次是目标树森林经营模式，调整育林法森林经营模式和粗放森林经营模式的敏感性较低。

120

表 11-3　折现率灵敏度指数

折现率	FM1	FM2	FM3	FM4	均值
1%	8.48	10.05	8.37	14.28	10.30
2%	4.35	4.98	4.32	6.67	5.08
4%	1.61	1.73	1.61	2.06	1.75
5%	1.13	1.19	1.13	1.35	1.20
6%	0.85	0.88	0.86	0.97	0.89
7%	0.68	0.70	0.68	0.74	0.70
8%	0.56	0.57	0.56	0.60	0.57
9%	0.48	0.48	0.48	0.50	0.49
10%	0.41	0.42	0.41	0.43	0.42

11.5　结论与讨论

从微观层次上看，在市场化条件下，价格、成本、折现率对林业经营周期的净现值起到很重要的作用，不能只考虑单一因素的影响。具体而言，木材价格提高 1%，将会使得净现值增加 0.70%；经营成本下降 1%，将会使得净现值增加 0.11%；碳汇价格提高 1%，将会使得净现值增加 0.41%。这三者的变动都会引起净现值的直线变动。在低折现率水平下，净现值对折现率的变动非常敏感。随着折现率的上升，经营净现值呈指数形式下降。

不同森林经营模式净现值的灵敏度有所不同：不同木材价格水平下，目标树森林经营模式、调整育林法森林经营模式最为敏感；不同采伐成本变化幅度下，调整育林法森林经营模式最为敏感，无干扰森林经营模式灵敏度最低；不同碳汇价格水平下，无干扰森林经营模式和调整育林法森林经营模式净现值对碳汇价格相对比较敏感；不同折现率水平下，无干扰森林模式敏感性最高，其次是目标树森林经营模式，调整育林法森林经营模式和粗放森林经营模式的敏感性较低。

木材价格和碳汇价格变动与净现值变动呈正相关，采伐成本和折现率变动与净现值变动呈负相关。木材价格、碳汇价格、采伐成本三者相比，木材价格灵敏度最高，其次是碳汇价格，采伐成本变动灵敏度最低，说明净现值对木材和碳汇价格的变动最为敏感。木材和碳汇价格变化对经济价值的影响程度大于采伐成本变动对经济价值的影响程度，且差异巨大。与成本相比，价格因素更能引起净现值的变化。当前情况下，碳汇量和碳汇价值有限，它所引起的变动要小于木材价格引起的变动。

当前，中国碳汇价格主要由政府政策主导。如果碳汇价格一直升高，政府支持优质碳汇，对未来中国森林经营的影响不可谓不大。如果国家实施碳补贴和碳税政策，森林的碳汇价值就会增长，从而引起森林经营价值的增加，更多的土地将被会用作林业用地，这与王枫等（2012b）得出的研究结果类似。

在较低的折现率水平下，折现率对净现值的影响非常明显，在较高的利率水平下，敏感性显著下降。这说明稳定的投资环境和市场条件对林业经营影响显著，而且如果投资经济过热，通货膨胀率过高，毫无意外将引发森林经营的效益低下。未来市场情境中，稳定市场利率成为影响林业经营甚至各行各业发展的关键因子。

由于市场条件的变化，经济效益存在不确定性，在对不同森林经营模式进行价值评价时，应充分考虑主要因子的变化，从而得出更加科学的判断。通过灵敏度分析，找出影响森林经营价值的关键因子，可以为市场经济形势下的经营决策提供多组备选方案，为森林多目标经营提供科学依据。

参 考 文 献

安韶山，黄懿梅，刘梦云，等 .2005. 宁南宽谷丘陵区植被恢复中土壤酶活性的响应及其评价 [J]. 水土保持研究，12(3): 31-34.

白彦锋，姜春前，鲁德，等 .2007. 中国木质林产品碳储量变化研究 [J]. 浙江林学院学报，24(5): 587-592.

鲍士旦 .2000. 土壤农化分析 (第三版)[M]. 北京：中国农业出版社 .

蔡年辉，李根前，陆元昌 .2006. 云南松纯林近自然化改造的探讨 [J]. 西北林学院学报，21(4): 85-88.

曹芳华，徐江文 .1997. 林农收益与木材价格体系 [J]. 中国物价，(3): 8-10.

曹小玉，李际平 .2014. 杉木林土壤有机碳含量与土壤理化性质的相关性分析 [J]. 林业资源管理，(6): 104-109.

陈传国，郭杏芬 .1984. 阔叶红松林生物量的研究 [J]. 林业勘查设计，(2):10-19.

陈东立，余新晓，廖邦洪 .2005. 中国森林生态系统水源涵养功能分析 [J]. 世界林业研究，18(1): 49-54.

陈法霖，郑华，欧阳志云，等 .2011. 土壤微生物群落结构对凋落物组成变化的响应 [J]. 土壤学报，48(3): 603-611.

陈国明 .1996. 浅议林业分类经营的理论依据 [J]. 林业经济，(5): 9-11.

陈怀满 .2010. 环境土壤学 (第二版)[M]. 北京：科学出版社 .

陈文汇，胡明形，刘俊昌 .2010. 中国木材价格波动的动态均衡模型及实证分析 [J]. 统计与信息论坛，25(1): 58-62.

陈引珍，程金花，张洪江，等 .2009. 缙云山几种林分水源涵养和保土功能评价 [J]. 水土保持学报，23(2): 66-70.

陈章纯，程典，刘玉宁 .2012. 我国木材产量波动影响因素分析——基于省级面板数据的研究 [J]. 中国集体经济，(18):33-34.

陈卓梅，郑郁善，黄先华，等 .2002. 秃杉混交林水源涵养功能的研究 [J]. 福建林学院学报，22(3): 266-269.

陈兹竣，李贻铨，杨承栋 .1998. 中国林木施肥与营养诊断研究现状 [J]. 世界林业研究，(3): 58-65.

池振明，王祥红，李静，等 .2010. 现代微生物生态学 [M]. 北京：科学出版社 .

代力民，邵国凡 .2005. 森林经营决策——理论与实践 [M]. 沈阳：辽宁科学技术出版社 .

邓旺灶 .2011. 不同更新方式对中亚热带森林土壤理化性质的影响 [J]. 亚热带资源与环境学报，6(3): 18-23.

丁宝永，张世英，陈祥伟，等 .1994. 红松人工林培育理论与技术 [M]. 哈尔滨：黑龙江科学技术出版社 .

丁应祥，张金泮 .1999. 长江中上游土壤资源保护与林业可持续发展 [J]. 南京林业大学学报 (自然科学版)，22(2): 51-56.

杜伟文，欧阳中万 .2005. 土壤酶研究进展 [J]. 湖南林业科技，32(5): 80-83,86.

段仁燕，王孝安 .2005. 太白红杉种内和种间竞争研究 [J]. 植物生态学报，29 (2): 242-250.

段仁燕，王孝安，黄敏毅，等 .2007. 太白红杉 (Larix chinensis) 混交林径级结构与竞争的关系 [J]. 生态学报，27 (11): 4919-4924.

多祎帆，王光军，闫文德，等 .2012. 亚热带 3 种森林类型土壤微生物碳、氮生物量特征比较 [J]. 中国农学通报，28(13): 14-19.

多祎帆 .2012. 亚热带 3 种森林类型土壤微生物生物量及其多样性研究 [D]. 长沙：中南林业科技大学硕士学位论文 .

范春楠 .2014. 吉林省森林植被碳估算及其分布特征 [D]. 哈尔滨：东北林业大学博士学位论文 .

范瑞英，杨小燕，王恩姮，等 .2014. 未干扰黑土土壤微生物群落特征的季节变化 [J]. 土壤,46(2): 285-289.

范艳春，王鹏程，肖文发，等 . 2014. 三峡库区 2 类典型森林 5 种土壤酶季节动态及其与养分的关系 [J]. 华中农业大学学报, 33(4): 39-44.

方精云，徐嵩龄 . 1996. 我国森林植被的生物量和净生产量 [J]. 生态学报,16(5): 497-508.

房飞，胡玉昆，公延明，等 .2013. 荒漠土壤微生物碳垂直分布规律对有机碳库的表征作用 [J]. 中国沙漠, 33(3): 777-781.

冯保平，高润宏，张秋良，等 . 2009. 不同经营方式下兴安落叶松林土壤微生物年季动态研究 [J]. 内蒙古农业大学学报 (自然科学版), 30(4): 74-79.

冯书成，武永照，冯嵘，等 . 2000. 森林旅游资源评价方法与标准的研究 [J]. 陕西林业科技, (1): 23-26.

芙蓉，程积民，刘伟，等 . 2012. 不同干扰对黄土区典型草原土壤理化性质的影响 [J]. 水土保持学报, 26(2): 105-110.

符淙斌，温刚 .2002. 中国北方干旱化的几个问题 [J]. 气候与环境研究, 7(1): 22-29.

付晓，王雪军，孙玉军，等 .2009. 我国森林生态系统服务功能质量指标体系与评价研究 [J]. 林业资源管理, (2): 32-37.

富宏霖 . 2008. 积雪下长白山红松林地土壤和凋落物层微生物活性研究 [D]. 兰州 : 甘肃农业大学硕士学位论文 .

高晓玲，徐晓燕，何应森 . 2013. 不同耕作方式对园林土壤蛋白酶和化学性质的影响 [J]. 江苏农业科学, 41(7): 355-356.

葛晓改，黄志霖，程瑞梅，等 . 2012. 三峡库区马尾松人工林凋落物和根系输入对土壤理化性质的影响 [J]. 应用生态学报 , 23(12): 3301-3308.

龚伟，胡庭兴，宫渊波，等 . 2005. 土壤微生物量 P 研究综述 [J]. 四川林勘设计, (2): 1-5.

龚直文，亢新刚，顾丽，等 . 2010. 长白山云冷杉针阔混交林演替过程空间格局变化 [J]. 东北林业大学学报 , 38(1): 44-46.

贡璐，冉启洋，韩丽 . 2012. 塔里木河上游典型绿洲连作棉田土壤酶活性与其理化性质的相关性分析 [J]. 水土保持通报 , 32(4): 36-42.

顾梦鹤，杜小光，文淑均，等 . 2008. 施肥和刈割对垂穗披碱草 (Elymus nutans), 中华羊茅 (Festuca sinensis) 和羊茅 (Festuca ovina) 种间竞争力的影响 [J]. 生态学报 , 28 (6): 2472-2479.

关百钧 . 1991. 世界林业经营模式探讨 [J]. 世界林业研究 ,4(3): 29-35.

关松荫 .1986. 土壤酶及其研究法 [M]. 北京 : 农业出版社 .

关玉秀，张守攻 . 1992. 竞争指标的分类及评价 [J]. 北京林业大学学报 , 14 (4): 1-8.

黄敏，廖为明，王立国，等 .2010. 江西森林碳储量空间分布特征及其价值分析 [J]. 商业研究 ,(12): 179-182.

郭蓓，刘勇，李国雷，等 . 2007. 飞播油松林地土壤酶活性对间伐强度的响应 [J]. 林业科学 , 43(7): 128-133.

郭明辉，关鑫，李坚 . 2010. 中国木质林产品的碳储存与碳排放 [J]. 中国人口·资源与环境 , (S2): 19-21.

郭琦，王新杰，衣晓丹，等 . 2014. 不同林龄杉木纯林林下生物量与土壤理化性质的相关性 [J]. 东北林业大学学报 , (3): 85-88.

国庆喜，王天明 . 2005. 丰林自然保护区景观生态评价 : 量化与解释 [J]. 应用生态学报 , 16(5): 825-832.

郝俊鹏，凌宁，李瑞霞，等 . 2013. 间伐对马尾松人工林土壤酶活性的影响 [J]. 南京林业大学学报 (自然科学版), 37(4): 51-56.

郝云庆，王金锡，王启和，等 .2005. 崇州林场柳杉人工林空间结构研究 [J]. 四川林业科技, 26(5): 36-41.

郝云庆，王金锡，王启和，等 . 2008. 柳杉人工林近自然改造过程中林分空间结构变化 [J]. 四川农业大学学报 , 26 (1): 48-52.

何友均，崔国发，邹大林，等 . 2006. 三江源自然保护区玛珂河林区寒温性针叶林优势灌木种间联结研究 [J]. 林业科学 , 42(12): 126-129.

何友均 , 覃林 , 李智勇 . 2013. 森林经营对多维目标功能的影响评价与模拟研究 [M]. 北京 : 科学出版社 .

贺纪正 . 2012. 面向未来的土壤微生物生态学研究 [A]// 面向未来的土壤科学（中册）——中国土壤学会第十二次全国会员代表大会暨第九届海峡两岸土壤肥料学术交流研讨会论文集 [C]. 中国土壤学会 .

黑龙江省土地管理局 黑龙江省土壤普查办公室 . 1992. 黑龙江土壤 [M]. 北京 : 中国农业出版社 .

洪菊生 , 侯元兆 . 1999. 分类经营是热带林业可持续发展的重要途径 [J]. 林业科学 , 35(1): 104-110.

洪伟 , 吴承祯 . 1999. 福建省森林植被潜在生产力的估算及其分析 [J]. 农业系统科学与综合研究 , 15(1): 48-53.

洪彦军 . 2009. 小陇山林区人工林近自然森林经营模式试验成效分析 [J]. 甘肃科技 , 25(3): 133-136.

侯学会 , 牛铮 , 黄妮 , 等 . 2012. 广东省桉树碳储量和碳汇价值估算 [J]. 东北林业大学学报 , 40(8): 13-17.

侯元兆 . 2004. 欧洲的森林资源价值核算简述 [J]. 世界林业动态 , (12): 1-4.

侯元兆 , 王琦 . 1995. 中国森林资源核算研究 [J]. 世界林业研究 , 8(3): 51-56.

侯芸芸 , 曹春 , 任海峰 , 等 . 2012. 小陇山国家级自然保护区主要群落土壤的理化性质分析 [J]. 广东农业科学 , 39(10): 77-79, 84.

胡婵娟 , 刘国华 , 吴雅琼 . 2011. 土壤微生物生物量及多样性测定方法评述 [J]. 生态环境学报 , 20(Z1): 1161-1167.

胡国登 . 2007. 木材市场价格变化对森林资源资产经营的影响分析 [J]. 中南林业调查规划 , 26(2) : 18- 22.

胡嵩 , 张颖 , 史荣久 , 等 . 2013. 长白山原始红松林次生演替过程中土壤微生物生物量和酶活性变化 [J]. 应用生态学报 , 24(2): 366-372.

胡小飞 , 陈伏生 , 葛刚 . 2008. 森林采伐对林地表层土壤主要特征及其生态过程的影响 [J]. 土壤通报 , 38(6): 1213-1218.

胡亚林 , 汪思龙 , 颜绍馗 . 2006. 影响土壤微生物活性与群落结构因素研究进展 [J]. 土壤通报 , 37(1): 170-176.

胡云云 , 亢新刚 , 赵俊卉 . 2009. 长白山地区天然林林木年龄与胸径的变动关系 [J]. 东北林业大学学报 , (11): 38-42.

华建峰 , 林先贵 , 蒋倩 , 等 . 2013. 砷矿区农田土壤微生物群落碳源代谢多样性 [J]. 应用生态学报 , 24(2): 473-480.

黄承标 , 吴仁宏 , 何斌 , 等 . 2009. 三匹虎自然保护区森林土壤理化性质的研究 [J]. 西部林业科学 , 38(3): 16-21.

黄进 , 张晓勉 , 张金池 . 2010. 开化生态公益林主要森林类型水土保持功能综合评价 [J]. 水土保持研究 , 17(3): 87-91.

黄麟 , 邵全琴 , 刘纪远 . 2012. 江西省森林碳蓄积过程及碳源 / 汇的时空格局 [J]. 生态学报 , 32(10): 3010-3020.

黄文庆 , 万福绪 , 蒋丹丹 , 等 . 2014. 苏北石灰岩山地不同造林模式对土壤理化性质的影响 [J]. 安徽农业科学 , (9): 2665-2666.

黄雪蔓 , 刘世荣 , 尤业明 . 2014. 固氮树种对第二代桉树人工林土壤微生物生物量和结构的影响 [J]. 林业科学研究 , 27(5): 612-620.

惠刚盈 , Gadow K V, 胡艳波 , 等 . 2007. 结构化森林经营管理 [M]. 北京 : 中国林业出版社 .

惠刚盈 , 胡艳波 , 赵中华 . 2009. 再论 "结构化森林经营" [J]. 世界林业研究 , 22(1):14-19.

惠刚盈 , 赵中华 , 袁士云 . 2011. 森林经营模式评价方法——以甘肃小陇山林区为例 [J]. 林业科学 , 47(11): 114-120.

吉林省土壤肥料总站 . 1992. 吉林土壤 [M]. 北京 : 中国农业出版社 .

贾宏涛 , 陈冰 , 蒋平安 , 等 . 2004. 防护林对土壤可溶性盐分的影响 [J]. 林业科技 , 29(6): 12-14.

江洪，张艳丽，Stritholt J R，等．2003. 干扰与生态系统演替的空间分析 [J]. 生态学报，23(9): 1861-1876.

姜春前，何艺玲，韦新良．2004. 森林生态旅游效益评价指标体系研究 [J]. 林业科学研究，17(3): 334-339.

姜海燕．2010. 大兴安岭兴安落叶松林土壤微生物与土壤酶活性研究 [D]. 呼和浩特：内蒙古农业大学博士学位论文．

姜萍，叶吉，吴钢．2005. 长白山阔叶红松林大样地木本植物组成及主要树种的生物量 [J]. 北京林业大学学报，27(2): 112-115.

姜志林．1984. 森林生态系统蓄水保土的功能 [J]. 生态学杂志，(6): 58-63.

蒋敏元，王永清．1988. 对东北经济区 2000 年木材供求预测 [J]. 森林采运科学，(3): 2-6.

蒋文伟，姜志林，余树全，等．2002. 安吉主要森林类型水源涵养功能的分析与评价 [J]. 南京林业大学学报（自然科学版），26(4): 71-74.

焦如珍，杨承栋，孙启武，等．2005. 杉木人工林不同发育阶段土壤微生物数量及其生物量的变化 [J]. 林业科学，41(6): 163-165.

金则新．1997. 四川大头茶在其群落中的种内与种间竞争的初步研究 [J]. 植物研究，17(1): 110-118.

康华靖，陈子林，刘鹏，等．2008. 大盘山香果树 (Emmenopterys henryi) 种内及其与常见伴生种之间的竞争关系 [J]. 生态学报，28(7): 3456-3463.

亢新刚．2001. 森林资源经营管理 [M]. 北京：中国林业出版社．

黎宁，李华兴，朱凤娇，等．2006. 菜园土壤微生物生态特征与土壤理化性质的关系 [J]. 应用生态学报，17(2): 285-290.

李丹，刘铁男，王文帆，等．2012. 丰林自然保护区土壤有机碳含量与土壤理化性质相关性分析 [J]. 林业科技，37(5): 25-26.

李峰，刘桂英，王力刚．2011. 黑龙江省森林碳汇价值评价及碳汇潜力分析 [J]. 防护林科技，(1): 87-88.

李海玲．2011. 土壤有机质的测定（油浴加热重铬酸钾容量法）[J]. 农业科技与信息，(10): 52-53.

李皓，郑小贤．2003. 吉林金沟岭林场检查法试验林森林地租的计算 [J]. 中南林业调查规划，22(3): 6-8.

李金芬，程积民，刘伟，等．2010. 黄土高原云雾山草地土壤有机碳、全氮分布特征 [J]. 草地学报，18(5): 661-668.

李君剑，石福臣，柴田英昭，等．2007. 东北地区三种典型次生林土壤有机碳、总氮及微生物特征的比较研究 [J]. 南开大学学报（自然科学版），40(3): 84-91.

李俊清．2010. 森林生态学（第二版）[M]. 北京：高等教育出版社．

李俊清，王业蘧．1986. 天然林内红松种群数量变化的波动性 [J]. 生态学杂志，5 (5): 1-5.

李亮，王映雪．2011. 云南省森林碳汇能力及经济价值分析 [J]. 中国集体经济，(24): 24-25.

李娜，张利敏，张雪萍．2012. 土壤微生物群落结构影响因素的探讨 [J]. 哈尔滨师范大学自然科学学报，28(6): 70-74.

李胜蓝，方晰，项文化，等．2014. 湘中丘陵区 4 种森林类型土壤微生物生物量碳氮含量 [J]. 林业科学，50(5): 8-16.

李树彬．2003. 受干扰生态系统中土壤质量指示特性的评价 [J]. 水土保持科技情报，(2): 21-23.

李先琨，苏宗明，欧祖兰，等．2002. 元宝山冷杉群落种内与种间竞争的数量关系 [J]. 植物资源与环境学报，11 (1): 20-24.

李媛媛，周运超，邹军，等．2007. 黔中石灰岩地区不同植被类型根际土壤酶研究 [J]. 安徽农业科学，35(30): 9607-9609.

李振基，陈圣宾．2011. 群落生态学 [M]. 北京：气象出版社．

李志辉，李跃林，杨民胜，等．2000. 桉树人工林地土壤微生物类群的生态分布规律 [J]. 中南林学院学报，20(3): 24-28.

梁星云，何友均，张谱，等 . 2013. 不同经营模式对丹清河林场天然次生林植物群落结构及其多样性的影响
　　[J]. 林业科学，49(3): 93-102.

梁星云 . 2013. 不同森林经营模式对东北红松天然次生林群落生态特征的影响机制研究 [D]. 南宁：广西大
　　学硕士学位论文 .

廖声熙，李昆，陆元昌，等 . 2009. 滇中高原云南松林目标树优势群体的生长过程分析 [J]. 林业科学研究，
　　22 (1): 80-84.

林俊成，李国忠 . 2003. 台湾地区木质材料消费之碳流动与贮存量研究 [J]. 台湾林业科学，18(4): 293-305.

林娜，刘勇，李国雷，等 . 2010. 森林土壤酶研究进展 [J]. 世界林业研究，23(4): 21-25.

林启美 . 1997. 土壤微生物量研究方法综述 [J]. 中国农业大学学报，(S2): 1-11.

林先贵，胡君利 . 2008. 土壤微生物多样性的科学内涵及其生态服务功能 [J]. 土壤学报，45(5): 892-900.

刘方炎，李昆，廖声熙，等 . 2010. 濒危植物翠柏的个体生长动态及种群结构与种内竞争 [J]. 林业科学，
　　46 (10): 23-28.

刘广深，徐冬梅，许中坚，等 . 2003. 用通径分析法研究土壤水解酶活性与土壤性质的关系 [J]. 土壤学报，
　　40(5): 756-762.

刘国华，傅伯杰，方精云 . 2000. 中国森林碳动态及其对全球碳平衡的贡献 [J]. 生态学报，20(5): 733-740.

刘鸿雁，黄建国 . 2005. 缙云山森林群落次生演替中土壤理化性质的动态变化 [J]. 应用生态学报，16(11):
　　2041-2046.

刘金山，张万耕，杨传金，等 . 2012. 森林碳库及碳汇监测概述 [J]. 中南林业调查规划，31(1): 61-65.

刘丽，段争虎，汪思龙，等 . 2009. 不同发育阶段杉木人工林对土壤微生物群落结构的影响 [J]. 生态学杂志，
　　28 (12): 2417-2423.

刘美爽，董希斌，郭辉，等 . 2010. 小兴安岭低质林采伐改造后土壤理化性质变化分析 [J]. 东北林业大学学
　　报，38(10): 36-40.

刘庆洪 . 1987. 小兴安岭红松种群天然更新的特点 [J]. 林业科学，23(3): 266-275.

刘庆洪 . 1988. 红松阔叶林中红松种子的分布及更新 [J]. 植物生态学报，12(2): 134-142.

刘彤，李云灵，周志强，等 . 2007. 天然东北红豆杉 (Taxus cuspidata) 种内和种间竞争 [J]. 生态学报，27(3):
　　924-929.

刘云华，吴毅歆，刘春帽，等 . 2014. 冒天山、蛟龙潭土壤微生物多样性的 Biolog-Eco 分析 [J]. 生态科学，
　　2014, 33(6): 1047-1052.

刘足根，姬兰柱，郝占庆，等 . 2004. 松果采摘对长白山自然保护区红松天然更新的影响 [J]. 应用生态学报，
　　15(6): 958-962.

龙涛，蓝嘉川，陈厚荣，等 . 2013. 采伐和炼山对马尾松林土壤微生物多样性的影响 [J]. 南方农业学报，
　　44(8): 1318-1323.

卢伟，高峰，周泽民，等 . 2001. 采伐方式对森林土壤理化性质的影响 [J]. 森林工程，17(3): 17-18.

卢瑛，冯宏，甘海华 . 2007. 广州城市公园绿地土壤肥力及酶活性特征 [J]. 水土保持学报，2007, 21(1): 160-
　　163.

鲁顺保，周小奇，芮亦超，等 . 2011. 森林类型对土壤有机质，微生物生物量及酶活性的影响 [J]. 应用生态
　　学报，22(10): 2567-2573.

鲁长虎 . 2003. 动物与红松天然更新关系的研究综述 [J]. 生态学杂志，22 (1): 49-53.

陆元昌 . 2006. 近自然森林经营的理论与实践 [M]. 北京：科学出版社 .

陆元昌，栾慎强，张守攻，等 . 2010. 从法正林转向近自然林：德国多功能森林经营在国家、区域和经营单
　　位层面的实践 [J]. 世界林业研究，23(1): 1-11.

陆元昌，Sturm K，甘敬，等 . 2004. 近自然森林经营的理论体系及在幼龄林抚育改造中的实践 [J]. 中国造纸

学报，19(1): 285-289.

路鹏，彭佩钦，宋变兰，等.2005.洞庭湖平原区土壤全磷含量地统计学和 GIS 分析 [J]. 中国农业科学，38(6): 1204-1212.

罗传文.2005.森林采伐格局控制的 $\sqrt{2}$ 原则 [J]. 生态学报，25(1): 135-140.

吕林昭，亢新刚，甘敬，等.2008.长白山落叶松人工林天然化空间格局变化 [J]. 东北林业大学学报，36(3): 12-15.

吕贻忠，李保国.2006.土壤学 [M]. 北京：中国农业出版社.

马建路，李君华，赵惠勋，等.1994.红松老龄林红松种内种间竞争的数量研究 [A]// 祝宁.植物种群生态学研究现状与进展 [C]. 哈尔滨：黑龙江科学技术出版社.

马建章，鲁长虎.1995.鸟兽与红松更新关系的研究评述 [J]. 野生动物，(1): 7-10.

马克平，刘玉明.1994.生物群落多样性的测度方法 [J]. 生物多样性，2(4): 231-239.

马履一，王希群.2006.生长空间竞争指数及其在油松，侧柏种内竞争中的应用研究 [J]. 生态科学，25(5): 385-389.

马学兴，李文军.2008.长白山北部林区红松天然林生物量表的编制 [J]. 林业勘查设计，(3): 74-75.

毛青兵.2003.天台山七子花群落下土壤微生物生物量的季节动态 [J]. 生物学杂志，20(3): 16-18.

孟庆杰，许艳丽，李春杰，等.2008.不同植被覆盖对黑土微生物功能多样性的影响 [J]. 生态学杂志，27(7): 1134-1140.

孟宪宇.1996.测树学 [M]. 北京：中国林业出版社.

莫菲，李叙勇，贺淑霞，等.2011.东灵山林区不同森林植被水源涵养功能评价 [J]. 生态学报，31(17): 5009-5016.

穆丽蔷，张捷，刘祥君，等.1995.红皮云杉人工林乔木层生物量的研究 [J]. 植物研究，15(4): 551-557.

宁金魁，陆元昌，赵浩彦，等.2009.北京西山地区油松人工林近自然化改造效果评价 [J]. 东北林业大学学报，3(7): 42-44.

欧阳勋志.2002.森林生态系统经营探讨 [J]. 林业资源管理，(5): 43-47.

潘紫重，杨文化，曲银鹏，等.2002.不同林分类型凋落物的蓄水功能 [J]. 东北林业大学学报，30(5): 19-21.

庞学勇，刘庆，刘世全，等.2002.人为干扰对川西亚高山针叶林土壤物理性质的影响 [J]. 应用与环境生物学报，8(6): 583-587.

漆良华，张旭东，彭镇华.2011.湘西北小流域植被恢复区土壤酶活性及养分相关性 [J]. 东北林业大学学报，39(3): 83-88.

乔琦.2011.转 DREB3 基因抗旱大豆对土壤酶活性及其微生物的影响 [D]. 哈尔滨：东北农业大学硕士学位论文.

秦娟，唐心红，杨雪梅，等.2013.马尾松不同林型对土壤理化性质的影响 [J]. 生态环境学报，(4): 598-604.

邱雷，陈信力，丁辉，等.2013.间伐对侧柏人工林土壤微生物生物量碳、氮的影响 [J]. 江苏林业科技，40(6): 14-19.

任海，邬建国，彭少麟，等.2000.生态系统管理的概念及其要素 [J]. 应用生态学报，11(3): 455-458.

戎建涛，何友均，梁星云.2014.东北天然次生林生物量对不同森林经营策略的响应 [J]. 西北农林科技大学学报（自然科学版），(9): 41-47.

阮春雄.2010.林地评估及林地期望价法的应用分析 [J]. 中国资产评估，(8): 32-34.

萨缪尔森 P A, 刘璨, 朱明珍, 等.2010.不断演化社会中的林业经济学 [J]. 绿色中国，(1): 14-19.

三岛超.1951.对红松天然更新的我见 [J]. 森林工业，1(11): 12-22.

邵青还.1991.第二次林业革命——"接近自然的林业"在中欧兴起 [J]. 世界林业研究，4(4): 8-15.

申瀚文.2012.马尾松木荷次生林生长模拟研究 [D]. 长沙：中南林业科技大学硕士学位论文.

沈琛琛，雷相东，刘殿仁，等 .2011.近天然落叶松 - 云冷杉林树种竞争关系的变化 [J]. 林业科技开发，25 (4)：
    12-17.

沈月琴，王小玲，王枫，等 .2013.农户经营杉木林的碳汇供给及其影响因素 [J]. 中国人口·资源与环境，
    23(8): 42-47.

宋会兴，苏智先，彭远英，等 .2005.山地土壤肥力与植物群落次生演替关系研究 [J]. 生态学杂志，24(12)：
    1531-1533.

苏少川，何东进，谢益林，等 .2012.闽北不同森林经营模式碳储量比较研究 [J]. 中国农学通报，28(22): 45-
    52.

苏永中，赵哈林 .2002.土壤有机碳储量、影响因素及其环境效应的研究进展 [J]. 中国沙漠，22(3): 220-
    228.

孙澜，苏智先，张素兰，等 .2008.马尾松 - 川灰木人工混交林种内、种间竞争强度 [J]. 生态学杂志，27 (8)：
    1274-1278.

孙向阳 .2005.土壤学 [M].北京：中国林业出版社 .

孙英杰，何成新，徐广平，等 .2015.广西十万大山地区不同植被类型土壤微生物特征 [J]. 生态学杂志，
    34(2): 352-359.

覃凡丁，奉钦亮 .2011.我国木材产量与林业从业人员就业实证研究 [J]. 企业技术开发，30(11): 176-177.

覃连欢 .2012.广西森林植被碳储量及价值估算研究 [D].南宁：广西大学硕士学位论文 .

覃林 .2009.统计生态学 [M].北京：中国林业出版社 .

汤孟平，陈永刚，施拥军，等 .2007.基 Voronoi 图的群落优势树种种内种间竞争 [J]. 生态学报，27(11)：
    4707-4716.

汤孟平，唐守正，雷相东，等 .2004.林分择伐空间结构优化模型研究 [J]. 林业科学，40(5): 25-41.

唐守正 .1998.中国森林资源及其对环境的影响 [J]. 生物学通报，33(11): 2-6.

田大伦，杨超，闫文德，等 .2011.连栽杉木林不同生育阶段林下植被生物量 [J]. 林业科学，47(5): 145-149.

田秋阳，周鸿章，鲁萍，等 .2012.外来杂草反枝苋对大豆根际土壤微生物碳源利用和土壤理化性质的影响
    [J]. 作物杂志，(2): 24-30.

田兴军 .2005.生物多样性及其保护生物学 [M].北京：化学工业出版社环境科学与工程出版中心 .

汪殿蓓，暨淑仪，陈飞鹏 .2001.植物群落物种多样性研究综述 [J]. 生态学杂志，20(4): 55-60.

汪金松，范秀华，范娟，等 .2012a.地上竞争对林下红松生物量分配的影响 [J]. 生态学报，32(8): 2447-
    2457.

汪金松，范秀华，范娟，等 .2012b.林木竞争对臭冷杉生物量分配的影响 [J]. 林业科学，48(4): 14-20.

王成良，杨春林，张来春 .2007.采伐经营方式对落叶松林下植被及土壤养分变化的影响 [J]. 林业勘查设计，
    (3): 49-50.

王棣，佘雕，张帆，等 .2014.森林生态系统碳储量研究进展 [J]. 西北林学院学报，29(2): 85-91.

王枫，沈月琴，孙玉贵 .2012a.基于成本利润率的碳汇交易价格研究——以浙江省杉木林经营为例 [J]. 林
    业经济问题，32(2): 104-108.

王枫，沈月琴，朱臻，等 .2012b.杉木碳汇的经济学分析：基于浙江省的调查 [J]. 浙江农林大学学报，29(5)：
    762-767.

王国兵，阮宏华，唐燕飞，等 .2008.北亚热带次生栎林与火炬松人工林土壤微生物生物量碳的季节动态 [J].
    应用生态学报，19(1): 37-42.

王俊峰 .2013.森林多功能经营研究综述 [J]. 林业调查规划，38(4): 131-136.

王利利，董民，张璐，等 .2013.不同碳氮比有机肥对有机农业土壤微生物生物量的影响 [J]. 中国生态农业
    学报，21(9): 1073-1077.

王平, 王天慧, 周道玮, 等 .2007. 植物地上竞争与地下竞争研究进展 [J]. 生态学报, 27(8): 3489-3499.

王守安, 邵纯礼, 关家声 .1986. 东北林区木材价格改革的研究 [J]. 社会科学战线, (4): 76-81.

王树力, 武敬辉, 史永纯 .1998.红松种群天然更新及幼年生长与林分结构关系的研究 [J].吉林林学院学报,
　　14(1): 6-10.

王顺忠, 王飞, 张恒明, 等 .2006. 长白山阔叶红松林径级模拟研究——林分模拟 [J]. 北京林业大学学报,
　　28(5): 22-27.

王效科, 冯宗炜 .2000. 中国森林生态系统中植物固定大气碳的潜力 [J]. 生态学杂志, 19(4): 72-74.

王效科, 冯宗炜, 欧阳志云 .2001. 中国森林生态系统的植物碳储量和碳密度研究 [J]. 应用生态学报, 12(1):
　　13-16.

王艳平, 沙霖楠, 关庆伟, 等 .2014. 间伐对杉木林下地被物多样性及土壤理化性质的影响 [J]. 安徽农业科
　　学, (21): 7047-7051.

王育松, 上官铁梁 .2010. 关于重要值计算方法的若干问题 [J]. 山西大学学报 : 自然科学版, 33 (2): 312-
　　316.

王岳坤, 洪葵 .2005. 红树林土壤因子对土壤微生物数量的影响 [J]. 热带作物学报, 26(3): 109-114.

王芸, 欧阳志云, 郑华, 等 . 2012. 中国亚热带典型天然次生林土壤微生物碳源代谢功能影响因素 [J]. 生态
　　学报, 32(6): 1839-1845.

魏新, 郑小锋, 张硕新 .2014. 秦岭火地塘不同海拔梯度森林土壤理化性质研究 [J]. 西北林学院学报, 29(3):
　　9-14.

吴等等, 宋志文, 徐爱玲, 等 . 2015. 青岛市不同功能区冬季空气微生物群落代谢与多样性特征 [J]. 生态学
　　报, 35(7): 1-11.

吴巩胜, 王政权 . 2000. 水曲柳落叶松人工混交林中树木个体生长的竞争效应模型 [J]. 应用生态学报,
　　11(5): 646-650.

吴金水, 林启美, 黄巧云, 等 .2006. 土壤微生物生物量测定方法及其应用 [M]. 北京 : 气象出版社 .

吴晋霞, 王艳霞, 陈奇伯, 等 . 2014. 滇中高原不同林龄云南松林土壤理化性质研究 [J]. 云南农业大学学报
　　（自然科学）, 29(5): 740-745.

吴涛 . 2012. 国外典型森林经营模式与政策研究及启示 [D]. 北京 : 北京林业大学硕士学位论文 .

吴秀丽, 刘羿, 祝远虹, 等 . 2013. 我国森林经营管理与政策研究 [J]. 林业经济, (10): 86-92.

吴彦, 刘庆, 乔永康, 等 . 2001. 亚高山针叶林不同恢复阶段群落物种多样性变化及其对土壤理化性质的影
　　响 [J]. 植物生态学报, 25(6): 648-655.

吴则焰, 林文雄, 陈志芳, 等 .2013a. 武夷山国家自然保护区不同植被类型土壤微生物群落特征 [J]. 应用生
　　态学报, 24(8): 2301-2309.

吴则焰, 林文雄, 陈志芳, 等 . 2013b. 中亚热带森林土壤微生物群落多样性随海拔梯度的变化 [J]. 植物生
　　态学报, 37(5): 397-406.

伍丽, 余有本, 周天山, 等 . 2011. 茶树根际土壤因子对根际微生物数量的影响 [J]. 西北农业学报, 20(4):
　　159-163.

夏志超, 孔垂华, 王朋, 等 . 2012. 杉木人工林土壤微生物群落结构特征 [J]. 应用生态学报, 23(8): 2135-
　　2140.

夏自谦 . 1994. 森林综合效益的经济计量与评价 [J]. 林业经济, (3): 64-67.

向泽宇, 张莉, 张全发, 等 . 2014. 青海不同林分类型土壤养分与微生物功能多样性 [J]. 林业科学, 50(4):
　　22-33.

解宪丽, 孙波, 周慧珍, 等 . 2004. 不同植被下中国土壤有机碳的储量与影响因子 [J]. 土壤学报, 41(5): 687-
　　699.

谢小魁, 苏东凯, 刘正纲, 等 .2010. 长白山原始阔叶红松林径级结构模拟 [J]. 生态学杂志, 29(8): 1477-

1481.

新疆维吾尔自治区农业厅, 新疆维吾尔自治区土壤普查办公室 . 1996. 新疆土壤 [M]. 北京 : 科学出版社

邢虎成, 唐映红, 薛丽君, 等 . 2013. 乙草胺对苎麻农田土壤微生物数量的影响 [J]. 作物研究, 27(3): 131-
　　134.

邢守春, 王士一 . 1987. 2000 年中国的木材产量预测 [J]. 林业经济, (1): 25-30.

修勤绪, 陆元昌, 曹旭平, 等 . 2009. 目标树林分作业对黄土高原油松人工林天然更新的影响 [J]. 西南林学
　　院学报, 29(2): 13-19.

徐海, 惠刚盈, 胡艳波, 等 . 2006. 天然红松阔叶林不同径阶林木的空间分布特征分析 [J]. 林业科学研究,
　　19(6): 687-691.

徐万里, 唐光木, 葛春辉, 等 . 2015. 长期施肥对新疆灰漠土土壤微生物群落结构与功能多样性的影响 [J].
　　生态学报, 35(2): 468-477.

徐薇薇, 乔木 . 2014. 干旱区土壤有机碳含量与土壤理化性质相关分析 [J]. 中国沙漠, 34(6): 1558-1561.

徐振邦, 代力民, 陈吉泉, 等 . 2001. 长白山红松阔叶混交林森林天然更新条件的研究 [J]. 生态学报, (9):
　　1413-1420.

许姝明 . 2011. 基于环境库兹涅茨曲线假设对中国森林资源变化问题的研究 [D]. 北京 : 北京林业大学硕士
　　学位论文 .

许瀛元, 张思冲, 国徽, 等 . 2012. 黑龙江省森工林区用材林不同林龄树种碳汇价值研究 [J]. 森林工程,
　　28(6): 4-7.

鄢哲, 姜雪梅 . 2008. 南方集体林区木材供给行为研究 [J]. 林业经济, (9): 44-49.

闫德仁, 刘永军, 王晶莹, 等 . 1996. 落叶松人工林土壤肥力与微生物古量的研究 [J]. 东北林业大学学报 .
　　24 (3): 46-47.

闫法军, 田相利, 董双林, 等 . 2014. 刺参养殖池塘水体微生物群落功能多样性的季节变化 [J]. 应用生态学
　　报, 25(5): 1499-1505.

闫颖, 何红波, 解宏图, 等 . 2008. 总有机碳分析仪测定土壤中微生物量方法的改进 [J]. 理化检验 (化学分
　　册), 44(3): 279-280.

阳含熙, 李鼎甲, 王本楠, 等 . 1985. 长白山北坡阔叶红松林主要树种的分布格局 [J]. 森林生态系统研究,
　　5(1): 1-14.

杨馥宁, 公培臣, 郑小贤, 等 . 2007. 土地收益的期望价值估算研究 [J]. 林业经济, (6): 72-77.

杨馥宁, 杨文辉, 古文奇, 等 . 2009. 美国的森林经营与森林认证现状及我们的启示 [J]. 中南林业调查规划,
　　28(1): 43-47.

杨洪晓, 吴波, 张金屯, 等 . 2005. 森林生态系统的固碳功能和碳储量研究进展 [J]. 北京师范大学学报 : 自
　　然科学版, 41(2): 172-177.

杨会侠, 何友均, 郑颖, 等 . 2013. 天然次生针叶林内土壤理化性质对不同经营方式的响应 [J]. 东北林业大
　　学学报, 41(3): 63-68.

杨惠 . 2012. 中国木质林产品的碳量变化及其贸易影响研究 [D]. 南京 : 南京林业大学硕士学位论文 .

杨鲁 . 2008. 采伐干扰对巨桉人工林土壤微生物、土壤酶活性与土壤养分的影响 [D]. 雅安 : 四川农业大学
　　硕士学位论文 .

杨喜田, 宁国华, 董惠英, 等 . 2006. 太行山区不同植被群落土壤微生物学特征变化 [J]. 应用生态学报,
　　17(9): 1761-1764.

叶莹莹, 刘淑娟, 张伟, 等 . 2015. 喀斯特峰丛洼地植被演替对土壤微生物生物量碳、氮及酶活性的影响 [J].
　　生态学报, 35(21): 1-9.

伊延青 . 2002. 落叶松冠下更新红松后上层抚育时间的研究 [J]. 吉林林业科技, 31(3): 18-20.

殷全玉, 郭夏丽, 赵铭钦, 等. 2012. 延边地区三种类型植烟土壤酶活力、速效养分根际效应研究 [J]. 土壤, 44(6): 960-965.

雍文涛. 1992. 林业分工论——中国林业发展道路的研究 [M]. 北京: 中国林业出版社.

于洪光, 高海涛, 张义涛, 等. 2014. 结构化森林经营技术要点与应用 [J]. 吉林林业科技, (6): 16-19.

于洋, 王海燕, 丁国栋, 等. 2011. 华北落叶松人工林土壤微生物数量特征及其与土壤性质的关系 [J]. 东北林业大学学报, 39(3): 76-80.

于颖, 范文义, 李明泽. 2012. 东北林区不同尺度森林的含碳率 [J]. 应用生态学报, 23(2): 341-346.

余新晓, 鲁绍伟, 靳芳, 等. 2005. 中国森林生态系统服务功能价值评估 [J]. 生态学报, 25(8): 2096-2102.

余新晓, 吴岚, 饶良懿, 等. 2008. 水土保持生态服务功能价值估算 [J]. 中国水土保持科学, 6(1): 83-86.

余悦. 2012. 黄河三角洲原生演替中土壤微生物多样性及其与土壤理化性质关系 [D]. 济南: 山东大学博士学位论文.

喻泓, 杨晓晖. 2010. 地表火干扰时间序列上樟子松林竞争强度的变化 [J]. 生态学报, 30(1): 79-85.

臧润国, 徐化成, 高文韬. 1999. 红松阔叶林主要树种对林隙大小及其发育阶段更新反应规律的研究 [J]. 林业科学, 35 (3): 2-9.

张成霞, 南志标. 2010. 土壤微生物生物量的研究进展 [J]. 草业科学, 27(6): 50-57.

张池, 黄忠良, 李炯, 等. 2006. 黄果厚壳桂种内与种间竞争的数量关系 [J]. 应用生态学报, 17(1): 22-26.

张崇邦, 金则新, 柯世省. 2004. 天台山不同林型土壤酶活性与土壤微生物、呼吸速率以及土壤理化特性关系研究 [J]. 植物营养与肥料学报, 10(1): 51-56.

张德成, 李智勇, 白冬艳. 2013. 多功能林业规划模型 [M]. 北京: 科学出版社.

张桂荣, 李敏. 2007. 牧草的不同利用方式对果—草人工生态系统土壤理化及生物学性状的影响 [J]. 土壤, 39(5): 806-812.

张俊艳, 陆元昌, 成克武, 等. 2010. 近自然改造对云南松人工林群落结构及物种多样性的影响 [J]. 河北农业大学学报, 33 (3): 72-77.

张骏. 2008. 中国中亚热带东部森林生态系统生产力和碳储量研究 [D]. 杭州: 浙江大学博士学位论文.

张钦. 2013. 不同经营模式对杉木林土壤效应的影响 [J]. 山东林业科技, (4): 47-51.

张群. 2003. 天然次生林下人工更新红松幼树生长环境的研究 [D] 北京: 中国林业科学研究院硕士学位论文.

张威, 张明, 张旭东, 等. 2008. 土壤蛋白酶和芳香氨基酶的研究进展 [J]. 土壤通报, 39(6): 1468-1473.

张喜, 霍达, 张佐玉, 等. 2014. 不同经营模式对贵州毛竹林分质量的影响 [J]. 世界竹藤通讯, 12(5): 9-15.

张象君, 王庆成, 王石磊, 等. 2011. 小兴安岭落叶松人工纯林近自然化改造对林下植物多样性的影响 [J]. 林业科学, 47(1): 6-14.

张彦东, 谷艳华. 1999. 水曲柳落叶松人工幼龄混交林生长与种间竞争关系 [J]. 东北林业大学学报, 27 (2): 6-9.

张燕燕, 曲来叶, 陈利顶, 等. 2010. 黄土丘陵沟壑区不同植被类型土壤微生物特性 [J]. 应用生态学报, 21(1): 165-173.

张颖, 吴丽莉, 苏帆, 等. 2010. 我国森林碳汇核算的计量模型研究 [J]. 北京林业大学学报, (2): 194-200.

张咏梅, 周国逸, 吴宁. 2004. 土壤酶学的研究进展 [J]. 热带亚热带植物学报, 12(1): 83-90.

张勇, 秦嘉海, 赵芸晨, 等. 2013. 黑河上游冰沟流域不同林地土壤理化性质及有机碳和养分的剖面变化规律 [J]. 水土保持报, 27(2): 126-130.

章家恩. 2006. 生态学常用研究方法与技术 [M]. 北京: 化学工业出版社.

赵朝辉, 方晰, 田大伦, 等. 2012. 间伐对杉木林林下地被物生物量及土壤理化性质的影响 [J]. 中南林业科技大学学报, 32(5): 102-107.

赵俊芳, 延晓冬, 贾根锁. 2008. 东北森林净第一性生产力与碳收支对气候变化的响应 [J]. 生态学报,

28(1):92-102.

赵敏，周广胜 . 2004. 中国森林生态系统的植物碳贮量及其影响因子分析 [J]. 地理科学 , 24(1): 50-54.

赵帅，张静妮，赖欣，等 . 2011. 放牧与围栏内蒙古针茅草原土壤微生物生物量碳、氮变化及微生物群落结构 PLFA 分析 [J]. 农业环境科学学报 , 30(6): 1126-1134.

赵同谦，欧阳志云，郑华，等 . 2004. 中国森林生态系统服务功能及其价值评价 [J]. 自然资源学报 , 19(4): 480-491.

赵维娜，王艳霞，陈奇伯，等 . 2016. 天然常绿阔叶林土壤酶活性受土壤理化性质、微生物数量影响的通径分析 [J]. 东北林业大学学报 , 44(2): 75-80.

赵锡如 . 1987. 星鸦与红松更新关系 [J]. 林业实用技术 , (9): 34.

郑琼，崔晓阳，邸雪颖，等 . 2012. 不同林火强度对大兴安岭偃松林土壤微生物功能多样性的影响 [J]. 林业科学 , 48(5): 95-100.

郑小贤 . 1999. 森林资源经营管理 [M]. 北京 : 中国林业出版社 .

郑小贤 . 2002. 森林生态效益补偿与森林地租 [J]. 林业资源管理 , 2002(2): 53-54.

郑颖，杨会侠，王卫，等 . 2012. 不同经营模式对天然次生林林下物种多样性的影响 [J]. 林业实用技术 , (9): 9-12.

支玲，许文强，洪家宜，等 . 2008. 森林碳汇价值评价——三北防护林体系工程人工林案例 [J]. 林业经济 , (3): 41-44.

中野秀章 . 1983. 森林水文学 [M]. 李云森译 . 北京 : 中国林业出版社 .

周锦北 . 2011. 目标树择伐林经营技术 [J]. 林业实用技术 , (9): 11-13.

周隽，国庆喜 . 2007. 林木竞争指数空间格局的地统计学分析 [J]. 东北林业大学学报 , 35(9): 42-44.

周印东，吴金水，赵世伟，等 . 2003. 子午岭植被演替过程中土壤剖面有机质与持水性能变化 [J]. 西北植物学报 , 23(6): 895-900.

周玉荣，余振良，赵士洞 . 2000. 我国主要森林生态系统碳储量和碳平衡 [J]. 植物生态学报 , 24(5): 518-522.

周智彬，徐新文 . 2004. 塔里木沙漠公路防护林土壤酶分布特征及其与有机质的关系 [J]. 水土保持学报 , 18(5): 10-14.

朱洪革，王玉芳 . 2008. 东北、内蒙古地区木材供需状况的实证研究 [J]. 林业经济问题 , 28(4): 297-301.

朱磊，王庆成 . 2006. 不同类型长白落叶松人工林各龄期的木材产量评估 [J]. 西部林业科学 , 35(3): 87-92.

朱磊，王庆成，陈国富 . 2007. 人工用材林木材产量经营模拟研究 [J]. 华东森林经理 , 20(4): 53-58.

朱臻，沈月琴，张耀启，等 . 2012. 碳汇经营目标下的林地期望价值变化及碳供给——基于杉木裸地造林假设研究 [J]. 林业科学 , 48(11): 112-116.

邹春静，徐文铎 . 1998. 沙地云杉种内、种间竞争的研究 [J]. 植物生态学报 , 22(3): 269-274.

邹春静，韩士杰，张军辉 . 2001. 阔叶红松林树种间竞争关系及其营林意义 [J]. 生态学杂志 , 20(4): 35-38.

邹慧 . 2015. 东北红松天然次生林不同经营模式下土壤理化性质和碳储量的研究 [D]. 南宁 : 广西大学硕士学位论文 .

祖立娇 . 2012. 黑龙江省国有林区发展低碳经济 SD 模型构建及对策研究 [D]. 黑龙江 : 东北林业大学硕士学位论文 .

祖元刚，李冉，王文杰，等 . 2011. 我国东北土壤有机碳、无机碳含量与土壤理化性质的相关性 [J]. 生态学报 , 31(18): 5207-5216.

Faustmann M, 杨馥宁 , 公培臣 , 等 . 2007. 土地收益的期望价值估算研究——无林地及未成熟林分的价值估算 [J]. 林业经济 , (6):72-77.

Abetz P, Klädtke J. 2002.The target tree management system[J].Forstwiss Centralbl, 121(2): 73-82.

Alavoine G,Nicolardot B. 2001.High-temperature catalytic oxidation method for measuring total dissolved nitrogen in K$_2$SO$_4$ soil extracts[J]. Analytica Chimica Acta, 445(1):107-115.

Albert M. 1999.Analyse der Eingriffsbedingten Strukturveranderung und Durchforstungsmodellierung in Mischbestaenden[M].Hainholz Verlag：Dissertation Universitaty Gottingen.

Alvarez L H R, Koskela E. 2006.Does risk aversion accelerate optimal forest rotation under uncertainty？ [J] Journal of Forest Economics, 12(3): 171-184.

Anderson J P E, Domsch K H. 1978.A physiological method for the quantitative measurement of microbial biomass in soils[J]. Soil biology and biochemistry, 10(3): 215-221.

Asante P, Armstrong G W. 2012.Optimal forest harvest age considering carbon sequestration in multiple carbon pools: a comparative statics analysis[J]. Journal of Forest Economics, 18(2): 145-156.

Avery T E, Burkhart H E. 1983.Forest measurements[M]. New York: McGraw-Hill.

Balboa-Murias M A, Rodríguez-Soalleiro R, Merino A, et al. 2008.Temporal variations and distribution of carbon stocks in aboveground biomass of radiate pine and maritime pine pure stands under different silviculture alternatives[J]. Forest Ecology and Management, 234(169）: 29-38.

Bateman I. 1991.Placing money values on the unpriced benefits of forestry[J]. Quarterly Journal of Forestry (United Kingdom), 85(3): 152-165.

BellassenV, Luyssaert S. 2014.Carbon sequestration: managing forests in uncertain times[J]. Nature, 506(7487):153-155.

Benítez P C, Obersteiner M. 2006.Site identification for carbon sequestration in Latin America: a grid-based economic approach[J]. Forest Policy and Economics, 8(6): 636-651.

Biging G S, Dobbertin M. 1992.A comparison of distance-dependent competition measures for height and basal area growth of individual conifer trees[J]. Forest Science, 38 (3): 695-720.

Biging G S, Dobbertin M. 1995.Evaluation of competition indices in individual tree growth models[J]. Forest Science, 41 (2): 360-377.

Birdsey R, Pregitzer K, Lucier A. 2006.Forest carbon management in the United States[J]. Journal of Environmental Quality, 35(4):1461-1469.

Boerner R E J, Brinkman J A, Smith A. 2005.Seasonal variations in enzyme activity and organic carbon in soil of a burned and unburned hardwood forest[J]. Soil Biology and Biochemistry, 37(8): 1419-1426.

Bradshaw R, Gemmel P, Björkman L.1994. Development of nature-based silvicultural models in southern Sweden: the scientific background [J]. Forest and Landscape Research, 1(2): 95-110.

Brainard J, Lovett A, Bateman I. 2006.Sensitivity analysis in calculating the social value of carbon sequestered in British grown Sitka spruce[J]. Journal of forest economics, 12(3): 201-228.

Brando P M, Nepstad D C, Davidson E A, et al. 2008.Drought effects on litterfall, wood production and belowground carbon cycling in an Amazon forest: results of a throughfall reduction experiment[J]. Philosophical Transactions of the Royal Society B: Biological Sciences, 363(1498): 1839-1848.

Brant J B, Myrold D D, Sulzman E W. 2006.Root controls on soil microbial community structure in forest soils[J]. Oecologia, 148(4): 650-659.

Bravo F, Bravo-Oviedo A, Diaz-Balteiro L. 2008.Carbon sequestration in Spanish Mediterranean forests under two management alternatives:a modeling approach[J]. European Journal of Forest Research, 127(3): 225-234.

Bravo F, Díaz-Baleiro L. 2004.Evaluation of new silvicultural alternatives for Scots pine stands in northern Spain[J]. Annals of Forest Science, 61(2):163-169.

Briceño-Elizondo E, Garcia-Gonzalo J, Peltola H, et al. 2006.Carbon stocks and timber yield in two boreal forest ecosystems under current and changing climatic conditions subjected to varying management regimes[J].

Environmental Science and Policy, 9(3): 237-252.

Brienen R J W, Zuidema P A.2006. The use of tree rings in tropical forest management: projecting timber yields of four Bolivian tree species[J]. Forest Ecology and Management, 226(1): 256-267.

Brienen R J W, Zuidema P A. 2007.Incorporating persistent tree growth differences increases estimates of tropical timber yield[J]. Frontiers in Ecology and the Environment, 5(6): 302-306.

Brown R N, Kilgore M A, Coggins J S, et al. 2012.The impact of timber-sale tract, policy, and administrative characteristics on state stumpage prices: an econometric analysis[J]. Forest Policy and Economics, 21: 71-80.

Burrascano S, Sabatini F M, Blasi C. 2011.Testing indicators of sustainable forest management on understorey composition and diversity in southern Italy through variation partitioning[J]. Plant Ecology, 212 (5): 829-841.

Cannell M G R.1989. Physiological basis of wood production: a review[J]. Scandinavian Journal of Forest Research, 4(1-4): 459-490.

Cao T, Valsta L, Mäkelä A.2010. A comparison of carbon assessment methods for optimizing timber production and carbon sequestration in Scots pine stands[J]. Forest Ecology and Management, 260(10): 1726-1734.

Chatterjee A, Vance G F, Pendall E, et al. 2008.Timber harvesting alters soil carbon mineralization and microbial community structure in coniferous forests[J]. Soil Biology and Biochemistry, 40(7): 1901-1907.

Chen J, Colombo S J, Ter-Mikaelian M T, et al. 2010.Carbon budget of Ontario's managed forests and harvested wood products, 2001-2100[J]. Forest Ecology and Management, 259(8): 1385-1398.

Chen X L,Wang D,Chen X,et al. 2015.Soil microbial functional diversity and biomass as affected by different thinning intensities in a Chinese fir plantation[J]. Applied Soil Ecology, 92:35-44.

Chladná Z. 2007.Determination of optimal rotation period under stochastic wood and carbon prices[J]. Forest Policy and Economics, 9(8): 1031-1045.

Classen A T,Boyle S I,Haskins K E,et al. 2003.Community-level physiological profiles of bacteria and fungi:plate type and incubation temperature influences on contrasting soils[J]. FEMS Microbiology Ecology, 44(3):319-328.

Clements F E, Weaver J E. 1929.Plant Competition : An Analysis Of Community Functions[M]. Washington D.C: Arno Press.

Coomes D A, Allen R B.2007.Mortality and tree-size distributions in natural mixed-age forests[J]. Journal of Ecology, 95 (1): 27-40.

Cuevas E, Lugo A E. 1998.Dynamics of organic matter and nutrient return from litterfall in stands of ten tropical tree plantation species [J]. Forest Ecology and Management, 112(3): 263-279.

D'Oliveira M V N, Guarino E S, Oliveira L C, et al. 2013.Can forest management be sustainable in a bamboo dominated forest? A 12-year study of forest dynamics in western Amazon[J]. Forest Ecology and Management, 310(1): 672-679.

Daniels R F. 1976.Notes: simple competition indices and their correlation with annual loblolly pine tree growth[J]. Forest Science, 22 (4): 454-456.

Daume S, Kai F, Gadow K V. 1998.Zur Modellierung personenspezifischer Durchforstungen in ungleichaltrigen Mischbeständen[J]. Allgemeine Forst Und Jagdzeitung, 169(2):21-26.

Denslow J S.1995. Disturbance and diversity in tropical rain forests: the density effect[J]. Ecological Applications, 5 (4): 962-968.

Dias A C, Louro M, Arroja L, et al. 2007.Carbon estimation in harvested wood products using a country-specific method: portugal as a case study[J]. Environmental Science and Policy, 10(3): 250-259.

Dixon R K, Solomon A M, Brown S, et al.1994. Carbon pools and flux of global forest ecosystems[J].

Science,263(5144):185-190.

Fang J Y, Liu G H, Xu S L. 1996.Biomass and net production of forest vegetation in China[J]. Acta Ecologica Sinica, 16(5):497-508.

Fang J, Chen A, Peng C, et al. 2001.Changes in forest biomass carbon storage in China between 1949 and 1998[J]. Science, 292(5525):2320-2322.

Faustmann M.1995.Calculation of the value which forest land and immature stands possess for forestry[J].Journal of Forest Economics, 88(3): 533-537.

Feng W, Zou X, Schaefer D. 2009.Above-and belowground carbon inputs affect seasonal variations of soil microbial biomass in a subtropical monsoon forest of southwest China[J]. Soil Biology and Biochemistry, 41(5): 978-983.

Fuhrer J, Benitson M, Fischlin A, et al. 2006.Climate risks and their impact on agriculture and forestry in Switzerland[J]. Climate Change, 79(3):79-102.

Gamborg C, Larsen J B. 2003. 'Back to nature' —a sustainable future for forestry[J]. Forest Ecology and Management, 179(1):559-571.

Gamfeldt L, Snäll T, Bagchi R, et al. 2013.Higher levels of multiple ecosystem services are found in forests with more tree species[J]. Nature Communications, 4(1): 1-8.

Garau G,Castaldi P,Santona L,et al. 2007.Influence of red mud, zeolite and lime on heavy metal immobilization, culturable heterotrophic microbial populations and enzyme activities in a contaminated soil[J]. Geoderma, 142(1): 47-57.

Garcia-Gonzalo J, Peltola H, Briceño-Elizondo E, et al. 2007.Effects of climate change and management on timber yield in boreal forests, with economic implications: a case study[J]. Ecological Modelling, 209(2): 220-234.

Garland J L. 1997.Analysis and interpretation of community-level physiological profiles in microbial ecology[J]. FEMS Microbiology Ecology, 24(4): 289-300.

Garland J L, Mills A L.1991. Classification and characterization of heterotrophic microbial communities on the basis of patterns of community-level sole-carbon-source utilization[J]. Applied and Environmental Microbiology, 57(8): 2351-2359.

Giai C, Boerner R E J.2007. Effects of ecological restoration on microbial activity, microbial functional diversity, and soil organic matter in mixed-oak forests of southern Ohio,USA[J]. Applied Soil Ecology, 35(2): 281-290.

Goodale C L, Apps M J, Birdsey R A, et al. 2002.Forest carbon sinks in the northern hemisphere[J]. Ecological. Application, 12(3): 891-899.

Green C, Avitabile V, Farrell E P, et al. 2006.Reporting harvested wood products in national greenhouse gas inventories: implications for Ireland[J]. Biomass and Bioenergy, 30(2): 105-114.

Grriorse W C,Wilson J T. 1988.Microbial ecology of the terrestrial subsurface[J]. Advances in Applied Microbiology, 33(33):107-172.

Guo L B, Gifford R M. 2002.Soil carbon stocks and land use change: a meta analysis[J]. Global Change Biol, (8): 345-360.

Guthrie G, Kumareswaran D. 2009.Carbon subsidies, taxes and optimal forest management[J]. Environmental and Resource Economics, 43(2):275-293.

Hall D B, Clutter M. 2004.Multivariate multilevel nonlinear mixed effects models for timber yield predictions[J]. Biometrics, 60(1): 16-24.

Hayashida M. 1989.Seed dispersal by red squirrels and subsequent establishment of Korean pine[J]. Forest Ecology and Management, 28 (2): 115-129.

He Y, Qin L, Li Z, et al.2013. Carbon storage capacity of monoculture and mixed-species plantations in subtropical China[J]. Forest Ecology and Management, 295(5): 193-198.

Heath L S, Birdsey R A. 1993.Carbon trends of productive temperate forests of the conterminous United States[J]. Water Air Soil Pollut, (70): 279-293.

Hillis W E, Brown A G. 1984.Eucalypts For Wood Production[M]. Sydney：CSIRO and Academic Press.

Hitimana J, Kiyiapi J L, Njunge J T.2004.Forest structure characteristics in disturbed and undisturbed sites of Mt. Elgon Moist Lower Montane Forest, western Kenya[J]. Forest Ecology and Management, 194 (1): 269-291.

Hoen H F.1994. The Faustmann rotation in the presence of a positive CO_2-price[A]// Lindahl M, Helles F,Gilleleje D. Proceedings of the Biennial Meeting of the Scandinavian Society of Forest Economics[C].

Hoen H F, Solberg B. 1997.CO_2-taxing, timber rotations, and market implications[J]. Critical Reviews in Environmental Science and Technology, 27(S1): 151-162.

Huang X, Liu S, Wang H, et al. 2014.Changes of soil microbial biomass carbon and community composition through mixing nitrogen-fixing species with Eucalyptus urophylla, in subtropical China[J]. Soil Biology and Biochemistry, 73(6):42-48.

Hynes H M, Germida J J. 2013.Impact of clear cutting on soil microbial communities and bioavailable nutrients in the LFH and Ae horizons of Boreal Plain forest soils[J]. Forest Ecology and Management, 306(6): 88-95.

Ibá ň ez J J, Vayreda J, Gracia C. 2002.Metodología complementaria al inventerio Forestal Nacional en Catalunya: el inventerio forestal nacional.elemento clave para la[J]. Gestión Forestal Sostenible, 137(1): 67-77.

Insley M. 2002.A real options approach to the valuation of a forestry investment[J]. Journal of Environmental Economics and Management, 44(3): 471-492.

Jandl R, Lindner M, Vesterdal L, et al. 2007.How strongly can forest management influence soil carbon sequestration?[J] Geoderma, 137(3): 253-268.

Jenkinson D S, Powlson D S. 1976.The effects of biocidal treatments on metabolism in soil—v: a method for measuring soil biomass[J]. Soil Biology and Biochemistry, 8(3): 209-213.

Jia G M, Cao J, Wang C Y, et al.2005. Microbial biomass and nutrients in soil at the different stages of secondary forest succession in Ziwulin, northwest China[J]. Forest Ecology and Management, 217(1): 117-125.

Jiang Y M,Chen C R,Xu Z H,et al.2012. Effects of single and mixed species forest ecosystems on diversity and function of soil microbial community in subtropical China[J]. Journal of Soils and Sediments, 12(2):228-240.

Johnsen K, Jacobsen C S, Torsvik V, et al.2001. Pesticide effects on bacterial diversity in agricultural soils–a review[J]. Biology and Fertility of Soils, 33(6): 443-453.

Johnson D W, Curtis P S. 2001.Effects of forest management on soil C and N storage: meta analysis[J]. Forest Ecology and Management, 140(2):227-238.

Jürgen Z, Marc H, Uet S.2004. Financial optimization of target diameter harvest of European beech considering the risk of decreasing of timber quality due to red heartwood[J]. Forest Policy and Economics, 6(6): 579-593.

Kamimura Y, Hayano K.2000. Properties of protease extracted from tea-field soil[J]. Biology and Fertility of Soils, 30(4): 351-355.

Karjalainen T, Kellomäki S. 1995.Simulation of forest and wood product carbon budget under a changing climate in Finland[J]. Water, Air, and Soil Pollution, 82(1-2): 309-320.

Kawata M.1997. Exploitative competition and ecological effective abundance[J]. Ecological Modelling, 94 (2): 125-137.

Kellomäki S, Kolström M. 1993.Computations on the yield of timber by scots pine when subjected to varying levels of thinning under a changing climate in southern Finland[J]. Forest Ecology and Management, 59(3):

237-255.

Kelty M J. 2006.The role of species mixtures in plantation forestry [J]. Forest Ecology and Management, 233(2): 195-204.

Klenner W, Walton R, Arsenault A, et al. 2008.Dry forests in the southern interior of British Columbia: historic disturbances and implications for restoration and management[J]. Forest Ecology and Management, 256(10): 1711-1722.

Knops J M H, Tilman D. 2000.Dynamics of soil nitrogen and carbon accumulation for 61 years after agriculture abandonment [J]. Ecology, 81(1):88-98.

Kooten G C V, Binkley C S, Delcourt G. 1995.Effect of carbon taxes and subsidies on optimal forest rotation age and supply of carbon services[J]. American Journal of Agricultural Economics, 77(2): 365-374.

Kooten G C V, Folmer H. 2004.Land and forest economics[M]. Massachusetts：Edward Elgar Publishing.

Korzukhin M D, Ter-Mikaelian M T, Wagner R G. 1996.Process versus empirical models: which approach for forest ecosystem management？ [J] Canadian Journal of Forest Research, 26 (5): 879-882.

Köthke M, Dieter M. 2010.Effects of carbon sequestration rewards on forest management—an empirical application of adjusted Faustmann Formulae[J]. Forest Policy and Economics, 12(8): 589-597.

Kurz W A, Beukema S J, Apps M J. 1998.Carbon budget implications of the transition from natural to managed disturbance regimes in forest landscapes[J]. Mitigation and Adaptation Strategies for Global Change, 2(1): 405-421.

Lal R. 2004.Soil carbon sequestration impacts on global climate change and food security[J]. Science, 304: 1623-1627.

Larsen J B, Nielsen A B. 2007.Nature-based forest management—where are we going?: Elaborating forest development types in and with practice[J]. Forest Ecology and Management, 238(1): 107-117.

Ledermann T, Stage A R.2001. Effects of competitor spacing in individual-tree indices of competition[J]. Canadian Journal of Forest Research, 31 (12): 2143-2150.

Ledin S. 1996.Willow wood properties, production and economy[J]. Biomass and Bioenergy, 11(2-3): 75-83.

Li W H.2004. Degradation and restoration of forest ecosystems in China.[J]. Forest Ecology and Management,201(1):33-41.

Liang J. 2010.Dynamics and management of Alaska boreal forest: an all-aged multi-species matrix growth model[J]. Forest Ecology and Management, 260(4): 491-501.

Lilles E, Coates K D. 2013.An evaluation of the main factors affecting yield differences between single- and mixed-species stands[J]. Journal of Ecosystems and Management. 14(2): 1-14.

Lin N, Bartsch N, Heinrichs S, et al. 2015.Long-term effects of canopy opening and liming on leaf litter production, and on leaf litter and fine-root decomposition in a European beech (Fagus sylvatica, L.) forest[J]. Forest Ecology and Management, (338):183-190.

Lindenmayer D B, Margules C R, Botkin D B. 2000.Indicators of biodiversity for ecologically sustainable forest management[J]. Conservation Biology, 14 (4): 941-950.

Lindner M, Karjalainen T. 2007.Carbon inventory methods and carbon mitigation potentials of forests in Europe: a short review of recent progress[J]. European Journal of Forest Research, 126(4): 149-156.

Lindsey A A. 1956.Sampling methods and community attributes in forest ecology[J]. Forest Science, 2 (4): 287-296.

Liski J, Perruchoud D, Karjalainen T. 2002.Increasing carbon stocks in forest soils of western Europe[J]. Forest Ecology and Management, 169(13): 159-175.

Liu W, Fox J E D, Xu Z. 2000.Leaf litter decomposition of canopy trees, bamboo and moss in a montane moist evergreen broad-leaved forest on Ailao Mountain Yunnan south-west China[J]. Ecological Research,15: 435-447.

Liu Z F,Liu G H, Fu B J,et al.2008. Relationship between plant species diversity and soil microbial functional diversity along a longitudinal gradient in temperate grasslands of Hulunbuir,Inner Mongolia,China[J]. Ecological Research, 23:511-518.

Long J N. 2009. Emulating natural disturbance regimes as a basis for forest management: a North American view[J]. Forest Ecology and Management, 257(9): 1868-1873.

Lu F, Gong P, Lu F. 2003.Optimal stocking level and final harvest age with stochastic prices[J]. Journal of Forest Economics, 9(2): 119-136.

Maclean D A.1990. Impact of forest pests and fire on stand growth and timber yield: implications for forest management planning[J]. Canadian Journal of Forest Research, 20(4): 391-404.

Madeleinem S,Marissas W,Chrisrinel G,et al. 2012.Temperature sensitivity of soil enzyme kinetics under N-fertilization in two temperate forests[J]. Global Change Biology, 18: 1173-1184.

Meyer P. 2005.Network of Strict Forest Reserves as reference system for close to nature forestry in Lower Saxony, Germany[J]. Forest Snow and Landscape Research, 79 (1-2): 33-44.

Miyaki M. 1987.Seed dispersal of the Korean pine, Pinus koraiensis, by the red squirrel, Sciurus vulgaris[J]. Ecological Research, 2 (2): 147-157.

Mu C C , Zhuang C, Han Y R, et al. 2014.Effect of liberation cutting on the vegetation carbon storage of Korean pine forests by planting conifer and reserving broad-leaved tree in Changbai mountains of China[J]. Bulletin of Botanical Research, 34(4):529-536.

Murphy P A. 1983.A nonlinear timber yield equation system for loblolly pine[J]. Forest Science, 29(3): 582-591.

Nabuurs G J, Schelhass M J, Mohren M J, et al. 2003.Temporal evolution of the European forest sector carbon sink from 1950 to 1999[J]. Global Change Biology, 9(7): 152-160.

Nagaike T, Kamitani T, Nakashizuka T. 1999.The effect of shelterwood logging on the diversity of plant species in a beech forest in Japan[J]. Forest Ecological and Management, 118(1-3): 161-171.

Nepal P, Grala R K, Grebner D L. 2012.Financial feasibility of increasing carbon sequestration in harvested wood products in Mississippi[J]. Forest Policy and Economics, 14(1): 99-106.

Nepal P, Ince P J, Skog K E, et al.2013. Forest carbon benefits, costs and leakage effects of carbon reserve scenarios in the United States[J]. Journal of Forest Economics, 19(3): 286-306.

Nunery J S, Keeton W S. 2010.Forest carbon storage in the northeastern United States: net effects of harvesting frequency, post-harvest retention, and wood products[J]. Forest Ecology and Management, 259(8): 1363-1375.

Olschewski R, Benítez P C. 2010.Optimizing joint production of timber and carbon sequestration of afforestation projects[J]. Journal of Forest Economics, 16(1): 1-10.

Ovando P, Campos P, Calama R, et al. 2010.Landowner net benefit from Stone pine (Pinus pinea L.) afforestation of dry-land cereal fields in Valladolid, Spain[J]. Journal of Forest Economics, 16(2): 83-100.

Patel S H, Pinckney T C, Jaeger W K. 1995.Smallholder wood production and population pressure in East Africa: evidence of an environmental Kuznets curve？ [J] Land Economics, 71(4): 516-530.

Pazferreiro J, Gascó G, Gutiérrez B, et al. 2012.Soil biochemical activities and the geometric mean of enzyme activities after application of sewage sludge and sewage sludge biochar to soil[J]. Biology and Fertility of Soils, 48(5):511-517.

Pélissiera R, Pascala J P, Houllierb F, et al. 1998.Impact of selective logging on dynamics of a low elevation dense moist evergreen forest in western Ghats (South India)[J]. Forest Ecology and Management, 105 (1-3): 107-119.

Perera A H, Cui W. 2010.Emulating natural disturbances as a forest management goal: lessons from fire regime simulations[J]. Forest Ecology and Management, 259(7): 1328-1337.

Pielou E C. 1966.The measurement of diversity in different types of biological collections[J]. Journal of Theoretical Biology, 13: 131-144.

Piene H, Cleve K V. 1978.Weight loss of litter and cellulose bags in a thinned white spruce forest in interior Alaska [J]. Canadian Journal of Forest Research, 8(1): 42-46.

Plaster E J. 2012.Soil Science And Management [M]. 6th edition. Delmar, New York: Cengage Learning .

Pohjola J, Valsta L.2006. Carbon credits and management of Scots pine and Norway spuce stands in Finland[J]. Forest Policy and Economics, 9(7): 789-798.

Post W M, Emanuel W R, Zinke P J, et al. 1982.Soil carbon pools and world life zones[J]. Nature, 298(5870):156-159.

Post W M, Kwon K C. 2000.Soil carbon sequestration and land-use change: processes and potential [J]. Global Change Biology, 6(3): 317-327.

Prevost-Boure N C, Maron P A, Ranjard L, et al. 2011.Seasonal dynamics of the bacterial community in forest soils under different quantities of leaf litter[J]. Applied Soil Ecology, 47(1): 14-23.

Price C, Willis R. 2011.The multiple effects of carbon values on optimal rotation[J]. Journal of Forest Economics, 17(3): 298-306.

Reichstein M, Tenhunen J D, Roupsard O, et al. 2010.Severe drought effects on ecosystem CO_2 and H2O fluxes at three Mediterranean evergreen sites: revision of current hypotheses [J]？ Global Change Biology, 8(10):999-1017.

Rhoades C C, Miller S P, Shea M M. 2004.Soil properties and soil nitrogen dynamics of prairie-like forest openings and surrounding forests in Kentucky's Knobs Region[J]. American Midland Naturalist, 152(1):1-11.

Richards K R, Stokes C. 2004.A review of forest carbon sequestration cost studies: a dozen years of research[J]. Climatic Change, 63(1-2): 1-48.

Rlexeyev S H, Wood S W, Mackey B G, et al. 2006.Assessing the carbon sequestration potential of managed forests: a case study from temperate Australia[J]. Journal of Applied Ecology, 43(6): 1149-1159.

Romero C, Ros V, Daz-Balteiro L.1998. Optimal forest rotation age when carbon captured is considered: theory and applications[J]. Journal of the Operational Research Society, 49(2): 121-131.

Rozendaal D, Soliz-Gamboa C C, Zuidema P A. 2010.Timber yield projections for tropical tree species: the influence of fast juvenile growth on timber volume recovery[J]. Forest Ecology and Management, 259(12): 2292-2300.

Ruan H H, Zou X M, Zimmerman J K, et al. 2004.Asynchronous fluctuation of soil microbial biomass and plant litterfall in a tropical wet forest[J]. Plant and Soil, 260(1-2): 147-154.

Saphores J D. 2003.Harvesting a renewable resource under uncertainty[J]. Journal of Economic Dynamics and Control, 28(3): 509-529.

Schütz J P. 1999.Close-to-nature silviculture: is this concept compatible with species diversity?[J] Forestry, 72 (4): 359-366.

Schütz J P. 2011.Development of close to nature forestry and the role of ProSilva Europe[J]. Zbornik Gozdarstva in Lesarstva, 94:39-42.

Seidl R, Rammer W, Jäger D, et al. 2007.Assessing trade-offs between carbon sequestration and timber production within a framework of multi-purpose forestry in Austria[J]. Forest Ecology and Management, 248(1): 64-79.

Shaheen H, Ullah Z, Khan S M, et al. 2012.Species composition and community structure of western Himalayan moist temperate forests in Kashmir[J]. Forest Ecology and Management, 278: 138-145.

Shannon C E. 1948.A mathematical theory of communication[J]. Bell System Technical Journal, 27(4):379-423.

Shi Z J, Lu Y, Xu Z G, et al.2008. Enzyme activities of urban soils under different land use in the Shenzhen city, China[J]. Plant,Soil and Environment, 54(8): 341-346.

Simpson E H. 1949.The measurement of diversity[J]. Nature, 163 (4148): 688.

Smaling E M A, Stoorvogel J J, Windmeijer P N.1993. Calculating soil nutrient balances in Africa at different scales[J]. Fertilizer Research, 35(3):237-250.

Smith P. 2004.Carbon sequestration in crop lands: the potential in Europe and the global context[J].European Journal of Agronomy, 20 (3) : 229-236.

Sohngen S, Andrasko K, Gytarsky M, et al. 2005.Stocks and flows: carbon inventory and mitigation potential of the Russian forest and land base[R]. Washington, DC: Report of the World Resources Institute.

Souza A F, Cortez L S R, Longhi S J. 2012.Native forest management in subtropical South America: long-term effects of logging and multiple-use on forest structure and diversity[J]. Biodiversity and Conservation, 21 (8): 1953-1969.

Stainback G A, Alavalapati J R R. 2002.Economic analysis of slash pine forest carbon sequestration in the southern US[J]. Journal of Forest Economics, 8(2): 105-117.

Sun H, Terhonen E, Koskinen K, et al. 2014.Bacterial diversity and community structure along different peat soils in boreal forest[J]. Applied Soil Ecology, 74(2): 37-45.

Sundarapandian S, Swamy P. 1999.Litter production and leaf-litter decomposition of selected tree species in tropical forests at Kodayar in the Western Ghats, India [J]. Forest Ecology and Management, 123(2): 231-244.

Susaeta A, Chang S J, Carter D R, et al. 2014.Economics of carbon sequestration under fluctuating economic environment, forest management and technological changes: an application to forest stands in the southern United States[J]. Journal of Forest Economics, 20(1): 47-64.

Tilman D. 1982.Resource Competition and Community Structure.(MPB-17)[M]. New Jersey: Princeton University Press.

Timilsina N, Heinen J T. 2008.Forest structure under different management regimes in the western lowlands of Nepal[J]. Journal of Sustainable Forestry, 26 (2): 112-131.

Timilsina N, Ross M S, Heinen J T.2007. A community analysis of sal (*Shorea robusta*) forests in the western Terai of Nepal[J]. Forest Ecology and Management, 241 (1-3): 223-234.

Torstensson T, Mikael P, Bo S. 1998.Arable land soil quality assessment need a strategy[J]. Ambio, 27(1): 4-13.

Trumbore S. 2006.Carbon respired by terrestrial ecosystem-recent progress and challenges[J]. Global Change Biology, 12 (2) : 141-153.

Vargas R, Allen E B, Allen M F. 2009.Effects of vegetation thinning on above and belowground carbon in a seasonally dry tropical forest in Mexico [J]. Biotropica, 41(3): 302-311.

Verheyen K B, Hermy M, Tack G. 1999.The land use history (1278-1990) of a mixed hardwood forest in western Belgium and its relationship with chemical soil characteristics[J]. Journal of Biogeography, 26(5):1115-1128.

Vidal S. 2008.Plant biodiversity and vegetation structure in traditional cocoa forest gardens in southern Cameroon under different management[J]. Biodiversity and Conservation, 17(8): 1821-1835.

141

Vilà M, Vayreda J, Comas L, et al. 2007.Species richness and wood production: a positive association in Mediterranean forests[J]. Ecology Letters, 10(3): 241-250.

Wang G, Liu F. 2011.The influence of gap creation on the regeneration of Pinus tabuliformis planted forest and its role in the near-natural cultivation strategy for planted forest management[J]. Forest Ecology and Management, 262(3):413-423.

Wang Q, Wang S, Huang Y. 2008.Comparisons of litterfall, litter decomposition and nutrient return in a monoculture Cunninghamia lanceolata and a mixed stand in southern China [J]. Forest Ecology and Management, 255(3): 1210-1218.

Wang S L,Fan N N. 2012.Effects of management measures on soil properties of Pinus koraiensis plantations[J]. Advanced Materials Research, 356-360: 2758-2762.

Wang X, Hao Z, Zhang J,et al. 2009.Tree size distributions in an old-growth temperate forest[J]. Oikos, 118 (1): 25-36.

Webster P J, Holland G J, Curry J A, et al. 2005.Changes in tropical cyclone number, duration, and intensity in a warming environment[J]. Science, 309 (5742): 1844-1846.

Weigelt A, Jolliffe P. 2003.Indices of plant competition[J]. Journal of Ecology,91 (5): 707-720.

Weiner J. 1990.Asymmetric competition in plant populations[J]. Trends in Ecology and Evolution, 5 (11): 360-364.

Wen L, Lei P F, Xiang W H, et al.2014. Soil microbial biomass carbon and nitrogen in pure and mixed stands of Pinus massoniana and Cinnamomum camphora differing in stand age[J]. Forest Ecology Management, 328:150-158.

Werner F, Taverna R, Hofer P, et al. 2005.Carbon pool and substitution effects of an increased use of wood in buildings in Switzerland: first estimates[J]. Annals of Forest Science, 62(8): 889-902.

Willassen Y. 1998.The stochastic rotation problem: a generalization of Faustmann's formula to stochastic forest growth[J]. Journal of Economic Dynamics and Control, 22(4): 573-596.

Wimberly M C, Liu Z. 2014.Interactions of climate, fire, and management in future forests of the Pacific Northwest[J]. Forest Ecology and Management, 327(327): 270-279.

Woodwell G M, Whittaker R H, Reiners W A, et al. 1978.The biota and the world carbon budget.[J]. Science, 199(4325):141-146.

Yokozawa M, Kubota Y, Hara T. 1998.Effects of competition mode on spatial pattern dynamics in plant communities[J]. Ecological Modelling, 106 (1): 1-16.

Zak J C, Willig M R, Moorhead D L, et al.1994. Functional diversity of microbial communities:quantitative approach[J]. Soil Biology and Biochemistry, 26: 1101-1108.

Zhang C, Zhao X, Gao L, et al.2009. Gender, neighboring competition and habitat effects on the stem growth in dioecious Fraxinus mandshurica trees in a northern temperate forest[J]. Annals of Forest Science,66 (8): 1-9.

Zheng H, Ouyang Z Y, Wang X K, et al. 2005.Effects of regenerating forest cover on soil microbial communities: a case study in hilly red soil region, Southern China[J]. Forest Ecology and Management, 217(2): 244-254.

Zobel B J, Jett J B. 1995.Genetics of Wood Production[M]. Berlin：Springer-Verlag.

Zong C, Ma Y, Rong K, et al. 2009.The effects of hoarding habitat selection of Eurasian red squirrels (Sciurus vulgaris) on natural regeneration of the Korean pines[J]. Acta Ecologica Sinica, 29 (6): 362-366.

142

附　　录

丹清河林场天然次生林常见维管植物

记载有维管束植物 52 科 101 属 130 种，其中，苔藓植物 1 科 1 属 1 种；蕨类植物 4 科 6 属 8 种；裸子植物 1 科 4 属 5 种；被子植物 46 科 90 属 116 种。名录的顺序为：蕨类植物按照秦仁昌 1978 年系统；裸子植物按照郑万钧 1978 年系统；被子植物按照恩格勒 1964 年系统；科、属和种皆按照中文名字母顺序排列。

苔藓植物门 *BRYOPHYTA*
B1 万年藓科 Climaciaceae
万年藓 *Climacium dendroides* Web. et Mohr
蕨类植物门 *PTERIDOPHYTA*
P1 鳞毛蕨科 Dryopteridaceae
齿头鳞毛蕨 *Dryopteris labordei* (Christ) C. Chr.
粗茎鳞毛蕨 *Dryopteris crassirhizoma* Nakai
P2 木贼科 Equisetaceae
草问荆 *Equisetum pretense* Ehrhart
木贼 *Equisetum hyemale* L.
P3 蹄盖蕨科 Athyriaceae
假冷蕨 *Pseudocystopteris spinulosa* (Maxim.) Ching
猴腿蹄盖蕨 *Athyrium brevifrons* Nakai ex Kitagawa
黑鳞短肠蕨 *Allantodia crenata* (Sommerf.) Ching
P4 铁线蕨科 Adiantaceae
掌叶铁线蕨 *Adiantum pedatum* L.
裸子植物门 *GYMNOSPERMAE*
G1 松科 Pinaceae
红松 *Pinus koraiensis* Sieb. et Zucc.
红皮云杉 *Picea koraiensis* Nakai
臭冷杉 *Abies nephrolepis* (Trautv.) Maxim.
落叶松 *Larix gmelinii* (Rupr.) Kuzen.
樟子松 *Pinus sylvestris* L. var. *mongolica* Litv.
被子植物门 *ANGIOSPERMAE*
1 百合科 Liliaceae
北重楼 *Paris verticillata* M. Bieb.

藜芦 *Veratrum nigrum* L.

鹿药 *Maianthemum japonicum* (A. Gray) La Frankie

舞鹤草 *Maianthemum bifolium* (L.) F. W. Schmidt

铃兰 *Convallaria majalis* L.

轮叶百合 *Lilium distichum* Nakai et Kamibayashi

小玉竹 *Polygonatum humile* Fisch. ex Maxim.

2 茶藨子科 Grossulariaceae

东北茶藨子 *Ribes mandshuricum* (Maxim.) Kom.

刺果茶藨子 *Ribes burejense* Fr. Schmidt

长白茶藨子 *Ribes komarovii* Pojark.

3 唇形科 Labiatae

连钱草 *Glechoma longituba* (Nakai)kupr.

鼬瓣花 *Galeopsis bifida* Boenn.

尾叶香茶菜 *Isodon excises* (Maxim.) Kudo

4 豆科 Leguminosae

大叶野豌豆 *Vicia pseudorobus* Fisch. et C. A. Mey.

胡枝子 *Lespedeza bicolor* Turcz.

北野豌豆 *Vicia ramuliflora* (Maxim.) Ohwi

山槐 *Albizia kalkora* (Roxb.) Prain

5 杜鹃花科 Ericaceae

兴安杜鹃 *Rhododendron dauricum* L.

6 椴树科 Tiliaceae

糠椴 *Tilia mandshurica* Rupr. et Maxim.

紫椴 *Tilia amurensis* Rupr.

7 凤仙花科 Balsaminaceae

水金凤 *Impatiens noli-tangere* L.

8 禾本科 Poaceae

鹅观草 *Roegneria tsukushiensis* (Honda) B.Rong Lu, C.Yen & J.L.Yang

龙常草 *Diarrhena mandshurica* Maxim.

大叶章 *Deyeuxia langsdorffii* (Link) Kunth

9 胡桃科 Juglandaceae

核桃楸 *Juglans mandshurica* Maxim.

10 虎耳草科 Saxifragaceae

异叶金腰 *Chrysosplenium pseudofauriei* Levl.

11 花葱科 Polemoniaceae

花葱 *Polemonium caeruleum* L.

12 桦木科 Betulaceae

毛榛 *Corylus mandshurica* Maxim.

白桦 *Betula platyphylla* Suk.

枫桦 *Betula costata* Trautv.

黑桦 *Betula dahurica* Pall.

13 堇菜科 Violaceae

斑叶堇菜 *Viola variegate* Fisch ex Link

深山堇菜 *Viola selkirkii* Pursh ex Gold

溪堇菜 *Viola epipsila* Ledeb.

14 桔梗科 Campanulaceae

党参 *Codonopsis pilosula* (Franch.) Nannf.

桔梗 *Platycodon grandiflorus* (Jacq.) A. DC.

紫斑风铃草 *Campanula punctata* Lam.

15 菊科 Compositae

东北风毛菊 *Saussurea manshurica* Kom.

红足蒿 *Artemisia rubripes* Makai.

风毛菊 *Saussurea japonica* (Thunb.) DC.

和尚菜 *Adenocaulon himalaicum* Edgew.

烟管蓟 *Cirsium pendulum* Fisch. ex DC.

山尖子 *Parasenecio hastatus* (L.) H. Koyama

16 壳斗科 Fagaceae

蒙古栎 *Quercus mongolica* Fisch. ex Ledeb.

17 柳叶菜科 Onagraceae

深山露珠草 *Circaea alpina* L. subsp. *Caulescens* (Komarov)Tatewaki

18 龙胆科 Gentianaceae

龙胆草 *Gentiana scabra* Bunge

19 牻牛儿苗科 Geraniaceae

毛蕊老鹳草 *Geranium platyanthum* Duthie

20 毛茛科 Ranunculaceae

白山乌头 *Aconitum umbrosum* (Korsh.) Kom.

单穗升麻 *Cimicifuga simplex* Wormsk.

东北扁果草 *Isopyrum manshuricum* Kom.

银莲花 *Anemone cathayensis* Kitag.

蔓乌头 *Aconitum volubile* Pall. ex Koeue

翼果唐松草 *Thalictrum aquilegifolium* L. var. *sibiricum* Regel et Tiling

21 猕猴桃科 Actinidiaceae

狗枣猕猴桃 *Actinidia kolomikta* (Maxim. et Rupr.) Maxim.

软枣猕猴桃 *Actinidia arguta* (Sieb. et Zucc.) Planch. ex Miq.

22 木犀科 Oleaceae

暴马丁香 *Syringa reticulata* (Blume) Hara var. *amurensis* (Rupr.) Pringle

水曲柳 *Fraxinus mandshurica* Rupr.

23 葡萄科 Vitaceae

山葡萄 *Vitis amurensis* Rupr.

24 槭树科 Aceraceae

花楷槭 *Acer ukurundense* Trautv. et C. A. Mey.

青楷槭 *Acer tegmentosum* Maxim.

色木槭 *Acer mono* Maxim.

25 茜草科 Rubiaceae

北方拉拉藤 *Galium boreale* L.

林茜草 *Rubia sylvatica* (Maxim.) Nakai

蓬子菜 Galium verum L.

26 荨麻科 Urticaceae

狭叶荨麻 *Urtica angustifolia* Fisch. ex Hornem.

27 蔷薇科 Rosaceae

稠李 *Padus racemosa* (Lam.) Gilib.

刺蔷薇 *Rosa acicularis* Lindl.

槭叶蚊子草 *Filipendula purpurea* Maxim.

毛山荆子 *Malus mandshurica* (Maxim.) Kom. ex Juz.

山里红 *Crataegus pinnatifida* N. E. Br.

珍珠梅 *Sorbaria sorbifolia* (L.) A. B.

假升麻 *Aruncus sylvester* Kostel.

龙芽草 *Agrimonia pilosa* Ldb.

欧亚绣线菊 *Spiraea media* Schmidt

水杨梅 *Geum aleppicum* Jacq.

蚊子草 *Filipendula palmata* (Pall.) Maxim.

石蚕叶绣线菊 *Spiraea chamaedryfolia* L.

库页悬钩子 *Rubus sachalinensis* Lévl.

28 忍冬科 Caprifoliaceae

金花忍冬 *Lonicera chrysantha* Turcz.

鸡树条荚蒾 *Viburnum opulus* Linn. var. calvescen (Rehd.) Hara

暖木条荚蒾 *Viburnum burejaeticum* Regel et Herd.

长白忍冬 *Lonicera ruprechtiana* Regel

29 莎草科 Cyperaceae

宽叶薹草 *Carex siderosticta* Hance

乌苏里薹草 *Carex ussuriensis* Kom.

细叶薹草 *Carex duriusata* C. A. Mey. subsp. *stenophylloides* (V. Krecz.) S. Y. Liang et Y. C. Tang

30 十字花科 Cruciferae

白花碎米荠 *Cardamine leucantha* (Tausch) O. E. Schulz

31 石竹科 Caryophyllaceae

缫瓣繁缕 *Stellaria radians* L.

蔓孩儿参 *Pseudostellaria davidii* (Franch.) Pax

细叶孩儿参 *Pseudostellaria sylvatica* (Maxim.) Pax

32 鼠李科 Rhamnaceae

乌苏里鼠李 *Rhamnus ussuriensis* J. Vass.

33 薯蓣科 Dioscoreaceae

穿龙薯蓣 *Dioscorea nipponica* Makino

34 天南星科 Araceae

东北南星 *Arisaema amurense* Maxim.

35 卫矛科 Celastraceae

卫矛 *Euonymus alatus* (Thunb.) Siebold

白杜 *Euonymus maackii* Rupr

瘤枝卫矛 *Euonymus verrucosus* Scop.

36 五加科 Araliaceae

辽东楤木 *Aralia elata* (Miq.) Seem.

无梗五加 *Acanthopanax sessiliflorus* (Rupr. Maxim.) Seem.

刺五加 *Acanthopanax senticosus* (Rupr. Maxim.) Harms

37 五味子科 Schisandraceae

五味子 *Schisandra chinensis* (Turcz.) Baill.

38 小檗科 Berberidaceae

大叶小檗 *Berberis ferdinande-coburgii* Schneider

红毛七 *Caulophyllum robustum* Maxim.

39 绣球花科 Hydrangeaceae

东北山梅花 *Philadelphus schrenkii* Rupr.

东北溲疏 *Deutzia parviflora* Beg var. *amurensis* Regel

光萼溲疏 *Deutzia glabrata* Kom.

小花溲疏 *Deutzia parviflora* Bunge

40 杨柳科 Salicaceae

山杨 *Populus davidiana* Dode

41 罂粟科 Papaveraceae

白屈菜 *Chelidonium majus* L.

荷青花 *Hylomecon japonica* (Thunb.) Prantl

42 榆科 Ulmaceae

榆树 *Ulmus davidiana* Planch var. *japonica* (Rehd.) Nakai

43 芸香科 Rutaceae

黄檗 *Phellodendron amurense* Rupr.

44 紫草科 Boraginaceae

森林附地菜 *Trigonotis radicans* (Turcz.) subsp. *sericea* (Maxim.) Riedl

45 紫堇科 Fumariaceae

珠果紫堇 *Corydalis speciosa* Maxim.

46 酢浆草科 Oxalidaceae

山酢浆草 *Oxalis griffithii* Edgeworth & J. D. Hooker

附　表

附表 1　2011 ～ 2013 年主要树种木材单价

树种	规格 (cm)	2013 年价格（元 /m³）	2012 年价格（元 /m³）	2011 年价格（元 /m³）	均值（元 /m³）
柞木	8 ～ 11	600	480	—	540
	12 ～ 16	970	600	850	807
	18 ～ 22	1610	880	1300	1263
	24 ～ 28	2190	1320	1700	1737
	30 以上	2470	1510	1900	1960
枫黑桦	8 ～ 11	500	300	—	400
	12 ～ 16	950	520	800	757
	18 ～ 22	1300	800	1100	1067
	24 ～ 28	1400	800	1300	1167
	30 以上	1320	800	1400	1173
白桦	8 ～ 11	620	410	—	515
	12 ～ 16	1080	610	730	807
	18 ～ 22	1110	800	970	960
	24 ～ 28	1140	650	1300	1030
	30 以上	1160	650	1400	1070
白松（冷杉、云杉）	8 ～ 11	900	440	—	670
	12 ～ 16	960	620	850	810
	18 ～ 22	1100	750	940	930
	24 ～ 28	1150	940	980	1023
	30 以上	1200	950	1020	1057
山杨、青杨	8 ～ 11	420	320	—	370
	12 ～ 16	570	370	480	473
	18 ～ 22	710	480	590	593
	24 ～ 28	790	580	670	680
	30 以上	830	570	700	700
椴树	8 ～ 11	600	350	—	475

树种	规格 (cm)	2013 年价格 (元 /m³)	2012 年价格 (元 /m³)	2011 年价格 (元 /m³)	均值 (元 /m³)
椴树	12 ~ 16	700	350	750	600
	18 ~ 22	1050	920	1290	1087
	24 ~ 28	1300	1110	1550	1320
	30 以上	1300	1210	1750	1420
色木槭	8 以下	1110	700	750	853
	8 ~ 11	1110	700	750	853
	12 ~ 16	1110	700	750	853
	18 ~ 22	1110	700	1000	937
	24 ~ 28	1110	700	1350	1053
	30 以上	1110	700	1450	1087
榆木	8 ~ 11	—	700	—	700
	12 ~ 16	—	700	750	725
	18 ~ 22	—	700	950	825
	24 ~ 28	—	700	1150	925
	30 以上	—	700	1450	1075
水曲柳、胡桃楸、榆树	8 以上	1090	850	—	970
落叶松	4 以上	790	650	—	720
红松	12 ~ 16	830	—	—	830
	18 ~ 22	1100	—	—	1100
	24 ~ 28	1250	—	—	1250
	30 以上	1350	—	—	1350
次加工	18 以上	750	390（白松 450）	—	750
薪材	8 以上	350	—	—	350
黄檗	8 ~ 11	1200	—	—	1200
	12 ~ 16	1500	—	—	1500
	18 ~ 22	1700	—	—	1700
	24 ~ 28	1820	—	—	1820
	30 以上	1900	—	—	1900

附表 2　不同经营模式单位面积主要成本

经营模式	FM1	FM2	FM3	FM4
调查设计（元/m³）	2.16	4.34	2.10	2.87
准备作业（元/m³）	7.06	8.46	8.88	8.13
采伐作业（元/m³）	15.91	20.09	27.21	21.07
归装作业（元/m³）	8.10	13.74	9.03	10.29
集材作业（元/m³）	19.07	29.60	15.27	21.31
运材作业（元/m³）	45.00	15.86	60.00	40.29
清林作业（元/m³）	6.68	18.57	27.21	17.49
辅助生产（元/m³）	9.71	8.46	0.53	6.23
贮木场（元/m³）	—	5.29	—	5.29
安全技术（元/hm²）	20.27	22.07	0	10.14
折旧费（元/hm²）	170.27	185.37	120.25	145.26
税金（元/hm²）	1362.16	1482.98	961.97	1162.07
销售费（元/hm²）	85.14	92.70	60.12	72.63
公路延伸费（元/hm²）	194.59	211.85	0	97.30
物价上涨费（元/hm²）	243.24	264.81	0	121.62
管理费（元/hm²）	425.68	463.44	0	212.84
管护费（元/hm²）	53.16	78.23	85.23	32.15
补植费（元/hm²）	—	—	397.21	—
其他（元/hm²）	851.35	701.55	601.23	726.29